JN193423

シニアのためのバラ栽培

マダム髙木の15の知恵

Takagi Ayako

髙木絢子

はじめに

バラを愛する すべての シニアの方へ

今の家に引っ越してきたのは、30年ほど前でしょうか。多いときは鉢植えも含めて300株、84歳になった現在でも200株以上のバラを育てています。

皆さんのなかにも長年バラを育ててらっしゃる方がいると思いますが、長くバラを育てていると、自分に合ったバラや育て方が、わかってくるものです。そんななか、もっと美しいバラ、もっと自分好みのバラに出会いたいという思いでいらっしゃるのだと思います。

そんな心持ちで、バラ栽培を続けていくうちに、突然襲ってくるのが、身体の衰えです。

60代までは、大いにバラとつき合えますが、70代、80代に入るとこれまで普通にできていたことが、とたんにつらく

美しく咲かせるために
育てているのですから、
なかなか手を抜けるものでは、
ありませんよね。

なってきます。夏の暑さと闘いながらの水やり、一枚でも多く葉を守るための薬剤散布、太い枝と格闘しながらの剪定・誘引。皆さんも身にしみておわかりだと思いますが、どれも本当に大変な作業です。でも庭にあるバラはすべて、自分が美しく咲かせたいという思いで育てているもの。手を抜くことは、なかなかできません。

そんなときに私がどう工夫しているか、どういう心構えでバラと向き合っているかを、15の知恵といくつかのコラムに分けて紹介します。

もちろん、シニアになることは悪いことばかりではありません。長年バラと向き合ってきたからこそ、できることや感じられることがたくさんあります。50年バラを育ててきたなかで、今が一番楽しいと思うこともあるのです。

年は誰でも平等に取るものです。この本が一人でも多くのバラ好きのお役に立ちますように。

２０１８年３月　髙木絢子

バラは味わい深い大人の花です。
向き合っているときは、
いつもいい尽くせない、
何かを感じています。

もくじ

図鑑

コラム

シニアのためのバラの作業暦

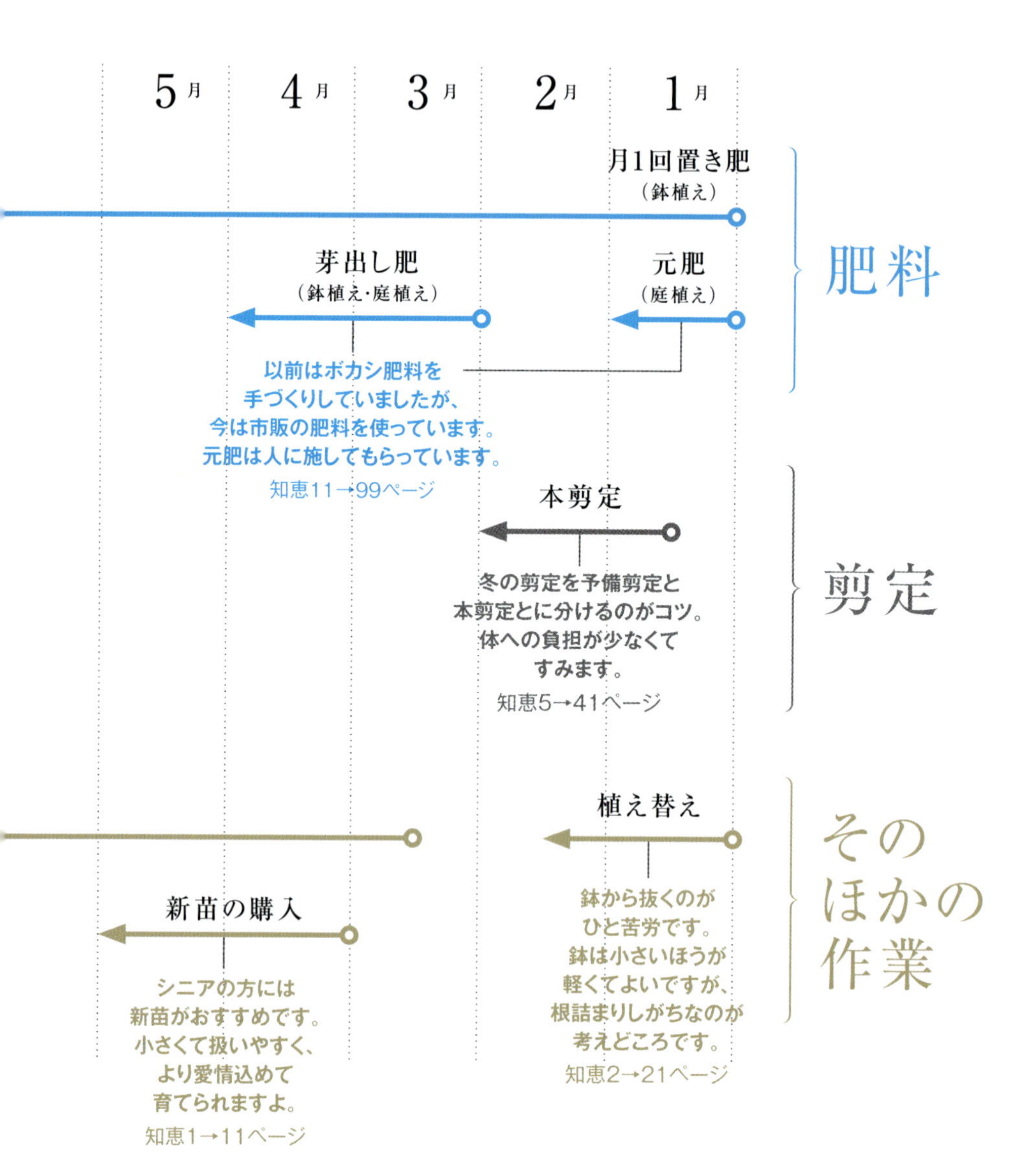

私の年間のタイムスケジュールです。
この本の内容ともつながっています。
シニアの方にも作業しやすい
工夫が詰まっていますので、ぜひ参考に
なさってください。

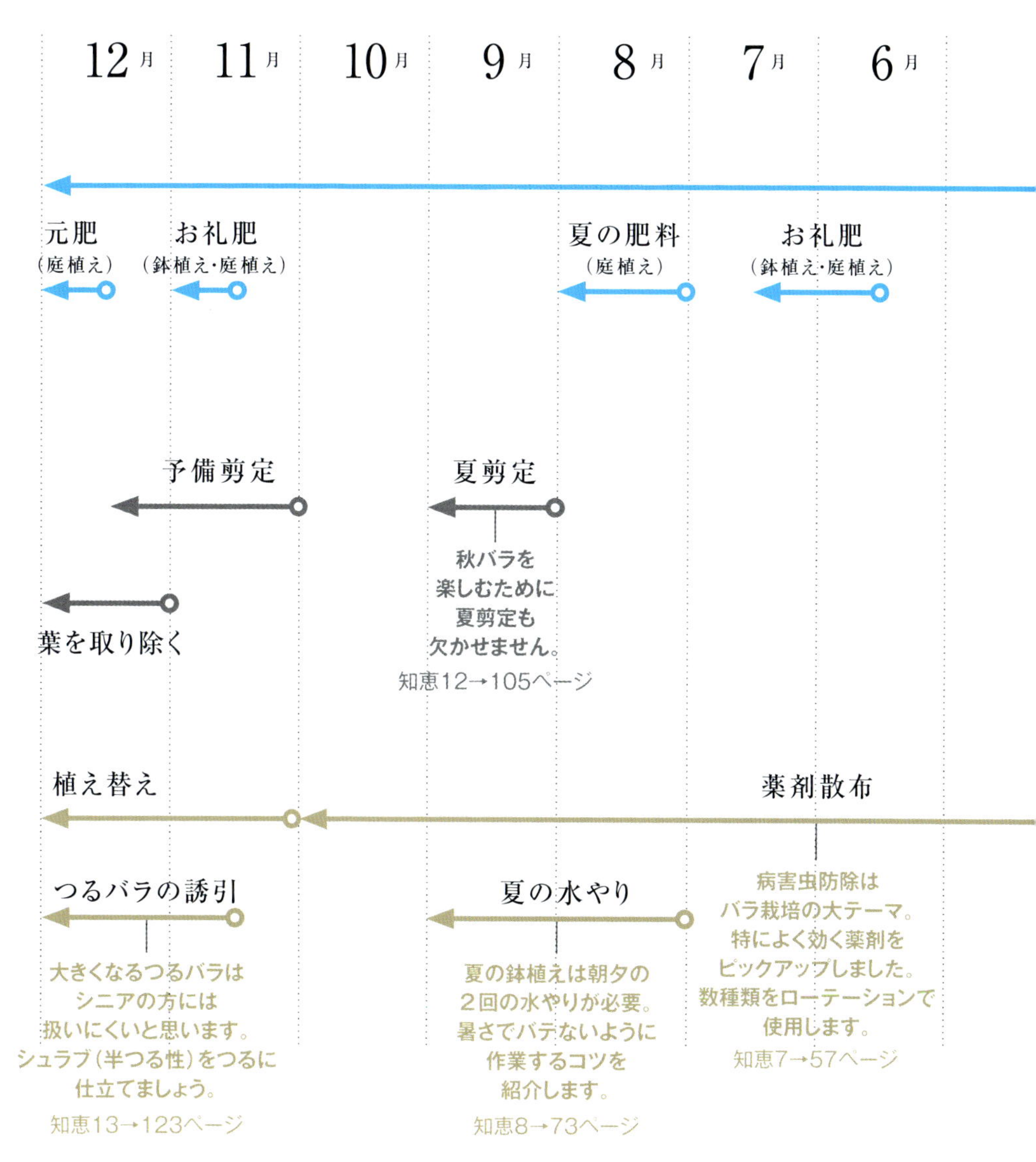

バラと歩んだ半生

一九六〇年代

20代後半から30代

庭のバラの数／20株ほど（庭植え。父が残したもの）

自宅の庭で育て始める

「結婚したばかりの私の新居に、父が、つるマリアカラスを植えました。今、思えば娘の家に通う口実が欲しかったのでしょうね（笑）。父を手伝うように自分も育て始めました」

一九七〇年代

30代後半から40代

庭のバラの数／30株ほど（庭植え）

満開の「つるピース」を来年も

「父のやり方を真似て育てていると、ある年に、つるピースが100輪以上も咲いたのです。近所の人が見に来るほどだったので、また来年も咲かせたいと思いました」

一九八〇年代

40代後半から50代

庭のバラの数／100株ほど（庭植え）

日本ばら会に入会

「当時は育てたバラをバラ展に出品して、賞をとることが愛好家の楽しみ。バラ展を主催する『日本ばら会』で、栽培のノウハウをじっくり学びました」

一九九〇年代

50代後半から60代

庭のバラの数／200株ほど（庭植え）、100株ほど（鉢植え）

庭が広い現在の家に引っ越す

「コンテストで金賞がとれるようになり、オールドローズに惹かれるようになりました。当時はオールドローズを知る人は日本に少なく、海外から苗を個人輸入していました」

二〇〇〇年代

60代後半から70代

庭のバラの数／200株ほど（庭植え）、100株ほど（鉢植え）

最もバラに熱中した時期

「イングリッシュローズも出始め、バラ人気が高まったころです。庭が雑誌に紹介されたり、カルチャースクールで講師をするようになりました。目まぐるしく動いた時期です」

二〇一〇年代

70代後半から80代

庭のバラの数／100株ほど（庭植え）、100株ほど（鉢植え）

体力の衰えを感じ始める

「80歳になって急に作業が遅くなりました。老人だと初めて気がついた時代です。一方で、力仕事ができなくなっても、バラづくりは終わりではないと気がつきました」

知恵 1

wisdom. 1

大きくならない品種を選ぶ

小さいバラが扱いやすい

最近は丈夫で手間がかからないバラが数多く出回っていますが、丈夫なバラのなかには大きくなりすぎるものがあります。

大きくなりすぎると、花数も枝数も多くなるので、花後の作業も大変です。また、高いところに花が咲いて、花のお尻しか見えないなんてことも。病害虫が発見しにくくなるうえに、剪定したい枝に手が届かなくなったりと、あまりよいことはありません。

今回はコンパクトで丈夫な品種を、10種紹介します。どれも私の庭に植えてあるバラです。よろしければあなたの庭にも加えてみてください。

また、新苗、大苗、開花株と大きく3種類の苗木が出回りますが、新苗から育てるのが一番楽しいと思います。

新苗はサイズが小さくて扱いやすいのが特徴です。テーブルや台の上ですべての作業が行えるので、私でしたら90歳を過ぎても、たくさんの品種を楽しむ自信があります（笑）。

ただ、新苗は人間に例えると、赤ちゃんのような状態です。慎重に扱わないと大切な茎がポキっと折れてしまうことがあります。１本しか伸びていない株がほとんどなので、折れてしまったら、それでおしまい。庭植えにする場合も、鉢で1年育ててからにしたほうが安心です。

でも、そんなこまやかな気配りが必要なところも、シニアの方におすすめしたい理由の一つ。品種の特徴を目の当たりにしながら、時間をかけて育ててみてください。愛情をたっぷり注いだ株に思い描いたとおりの花が咲いたときの喜びは、体験した人にしかわからないものですよ。

よい新苗の見極め方

新苗	
出回り時期	4〜5月

春の花は咲く前に摘んで、
体力を蓄える。
秋の花から楽しむ

春の花を摘むときは
ここで切るとよい

葉と葉の間が
詰まっている

虫食いや
病気のあとが
ない

台木と穂木が
しっかり
活着している

大苗・開花株の
メリット・デメリット

大苗	
出回り時期	12〜2月

メリット	● 株ができ上がっている。すぐに庭植えにできる
	● 芽や葉が伸びる様子を見られる
	● 原則1年間は植え替えをしなくてもよい
デメリット	● 新苗に比べて高価
	● 株が大きく、作業に力がいる

開花株	
出回り時期	4〜5月

メリット	● すぐに花が楽しめる
	● 花を見て買える
デメリット	● 新苗や大苗に比べて高価
	● 芽が伸び蕾をつける様子が見られない

コンパクトで丈夫なバラ

育てがいのあるコンパクトで
丈夫なバラを10品種紹介します。
手をかければそれだけ
美しく咲きますよ。

エーデルワイス

木立ち性　四季咲き
樹高×株張り／1.0m×1.0m
花径／7cm程度
香り／普通

「温かみのあるクリーミーな花を、マットな濃い緑色の葉が引き立てます。花は4～5輪の房咲きで、多花性。1970年ごろから時代を超えて長く愛される花です」

シェエラザード

木立ち性　四季咲き
樹高×株張り／1.0m×0.8m
花径／8cm程度
香り／強い

「個性的な形の花は、咲き進むときれいな青みを帯びたピンクになります。香りはダマスクとフルーツが混ざったよう。咲き出しから終わりまで長く楽しめる花です」

かおりかざり

木立ち性　四季咲き
樹高×株張り／0.8m×0.6m
花径／8cm程度
香り／強い

「ピンクの花がオレンジ色に移ろいながらロゼット状に咲きます。強い花色ですが、花枝が細いので、やさしい印象です。フルーティーな香りが豊かに広がります」

アイズ・フォー・ユー

木立ち性　四季咲き
樹高×株張り／1.0m×0.8m
花径／7cm程度
香り／強い

「中心にブロッチが入るのが特徴で、繰り返し咲き、気温によりピンクを帯びます。多花性で株を覆うように咲き、スパイシーな香りが豊か。花びらがとてもデリケートです」

アンブリッジ・ローズ

半つる性　四季咲き
樹高×株張り／1.0m×0.8m
花径／9cm程度
香り／強い

「カップ咲きからロゼット咲きに咲き進みます。細い花枝は堅く、上を向いて咲きます。よく分枝して花数も多く、連続して咲き続けます。強いミルラ香があります」

ハーロウ・カー

半つる性　四季咲き
樹高×株張り／1.0m×0.8m
花径／8cm程度
香り／強い

「細い花枝は数輪の花が房状につき、枝垂れるように咲きます。地際からシュートがよく発生し、とげも細かく、ダマスク香があり、オールドローズのようです。ロゼット咲き」

スキャボロー・フェア

半つる性　四季咲き
樹高×株張り／1.0m×0.8m
花径／7cm程度
香り／普通

「ゆるやかなカップ咲きで、しべを見せて咲くことも。数輪の房咲きで、大房になっても軽やかです。よく枝分かれして賑やかに咲き、密でコンパクトな姿になります」

レディ・ヒリンドン

木立ち性　四季咲き
樹高×株張り／1.2m×0.8m
花径／9cm程度
香り／強い

「花はゆるりとした半剣弁で、独特なびわ色です。秋には枝や葉の赤紫色が色濃くなり美しいです。早咲きでティーローズ特有の優雅な香りがします」

トロイラス

半つる性　四季咲き
樹高×株張り／1.2m×0.8m
花径／9cm程度
香り／強い

「ハニーイエローの蕾が煙ったような乳白色に開花。カップ咲きから、花びらがひだのように立つロゼット咲きに。甘く爽やかなミルラ香のなかにレモンと蜂蜜の香りがします」

真夜（まよ）

木立ち性　四季咲き
樹高×株張り／1.2m×0.8m
花径／10cm程度
香り／強い

「紫を帯びたダークレッドの花は、秋には黒みを増し、静けさをたたえて幻想的です。とげは少なく、花枝も細く、切り花にしても美しく咲きます。ダマスクの香りです」

知恵 2

wisdom. 2

鉢を大きくするのは避けられない

なるべく自分で動かせる鉢を

鉢植えのバラは1年もたつと根が回ります。土も固まって、空気の通りが悪くなるので、毎年植え替えなければなりません。手元にあるのは、１００鉢ほど。毎年全部植え替えます。

植え替えも１００鉢ともなると大変です。これまでは12月に入ってから作業していましたが、昨年は11月から始めました。12月から1月はバラの作業が詰まっているし、寒い日は庭で作業したくないので、少し早めに手をつけることにしたのです。鉢植えのバラは、いつも植え替えと同時に予備剪定（42ページ参照）をするので、葉を落とすことになります。少しでも長く光合成をさせてあげたいところですが、体が動かないのでしかたがないですね。

2年ほど前から、鉢から抜いて土を落とすところまでは人に手伝ってもらっています。1日10株程度、10日ほどに分けて作業してもらいます。土を落としてもらった株は、活力剤のメネデールを加えた水につけておきます。つけておくと4～5日間はそのままで大丈夫なので、自分のペースで植えつけの作業をします。

用土は、根と根の間にまで入れることが大切です。鉢を叩いたり、割り箸で用土をつついたりして、根の間に入れ込むほか、両手を鉢の中に入れ、実際に手で土と根を密着させています。このとき指に負担がかかるので、革手袋の上からガムテープで指をまとめて作業しています。手も腰も一生使う

「土を入れ込むときは、指にガムテープを巻いて作業しています。こうすれば指を傷めません」

もの、なるべく大切にしたいですよね。使う用土については「知恵10」（93ページ参照）に詳しく書いてあるので、見てみてください。

8号鉢より大きくしてしまうと、自分では動かせなくなるので、ここ2年ほどは、植え替えをしても鉢を大きくしてませんでした。根鉢を半分ほど切り、枝もかなり落として、植え替える前と同じ8号鉢に植えるのです。

でも、どうやってもすぐに根が詰まって株が弱り、シュートが上がりにくくなってしまうので、今年からは基本に戻り、根鉢の大きいものは10号のプラスチック鉢に植え替えるようにしました。

植え替えのときは、なんとか自分で動かせましたが、水を与えたらその分重くなるので、きっと動かせなくなります。

不自由になり管理も難しくなりますが、バラを美しく咲かせるためには、やるしかありません。ささやかかもしれませんが、私にとっては挑戦です。皆さんも、いくつになっても挑戦する気持ちは忘れないようにしてくださいね。

大きくなろうとするバラを、
小さい鉢に閉じ込めておくのは、
もうおしまい。
バラと一緒に、私ももう一歩
成長したいですね。

根頭がんしゅ病

植え替えるときに忘れてはならないのが、根や株元にこぶができる根頭がんしゅ病のチェックです。一度こぶができてしまうと株の元気がなくなって、花つきが悪くなり、シュートも上がらなくなります。鉢植えの場合は、冬の植え替えのときに土を一度すべて落として根をしっかり観察し、こぶができていないか確認することが大切です。見つけ損なうと1年間がんしゅ病とつき合わなければなりません。私の庭では、毎年鉢植えの4分の1は根頭がんしゅ病に侵されます。

発生したら有効な薬剤がないため、こぶを削り取って対処します。大きなこぶが株元にできてしまうと、削り取るわけにもいかないので、もう手だてがありません。

また、うまくこぶを削り取ることができても、再発することが多いのが根頭がんしゅ病のやっかいなところです。いろいろな意見を聞きますが、一度発生してしまうと、健康な株に戻ることはないと思います。だからといって、すぐに処分できる人はなかなかいません。私も、毎年2～3輪しか咲かない、弱々しくなった株を持っていますす。スパッとあきらめられる人が羨ましいです。

「このように株元にこぶができてしまったら、もうあきらめるしかありません」

「再発しやすいので、一度発生した株には印をつけておくようにしています」

休眠期なので、多少手荒に扱っても

植え替えの仕方

適期	11月上旬〜2月中旬

鉢から株を抜き、固くなった根鉢を地面に押しつけたり、足で踏んだりしてほぐし、古い土はすべて取り除きます。根頭がんしゅ病の有無を見るため、仕上げに根を水で洗い流し、古い根を切り、根の先を切りそろえて、一回り大きな鉢に植えます。テラコッタなどの重い鉢に植えると動かせなくなるので、プラスチックの鉢に植えましょう。

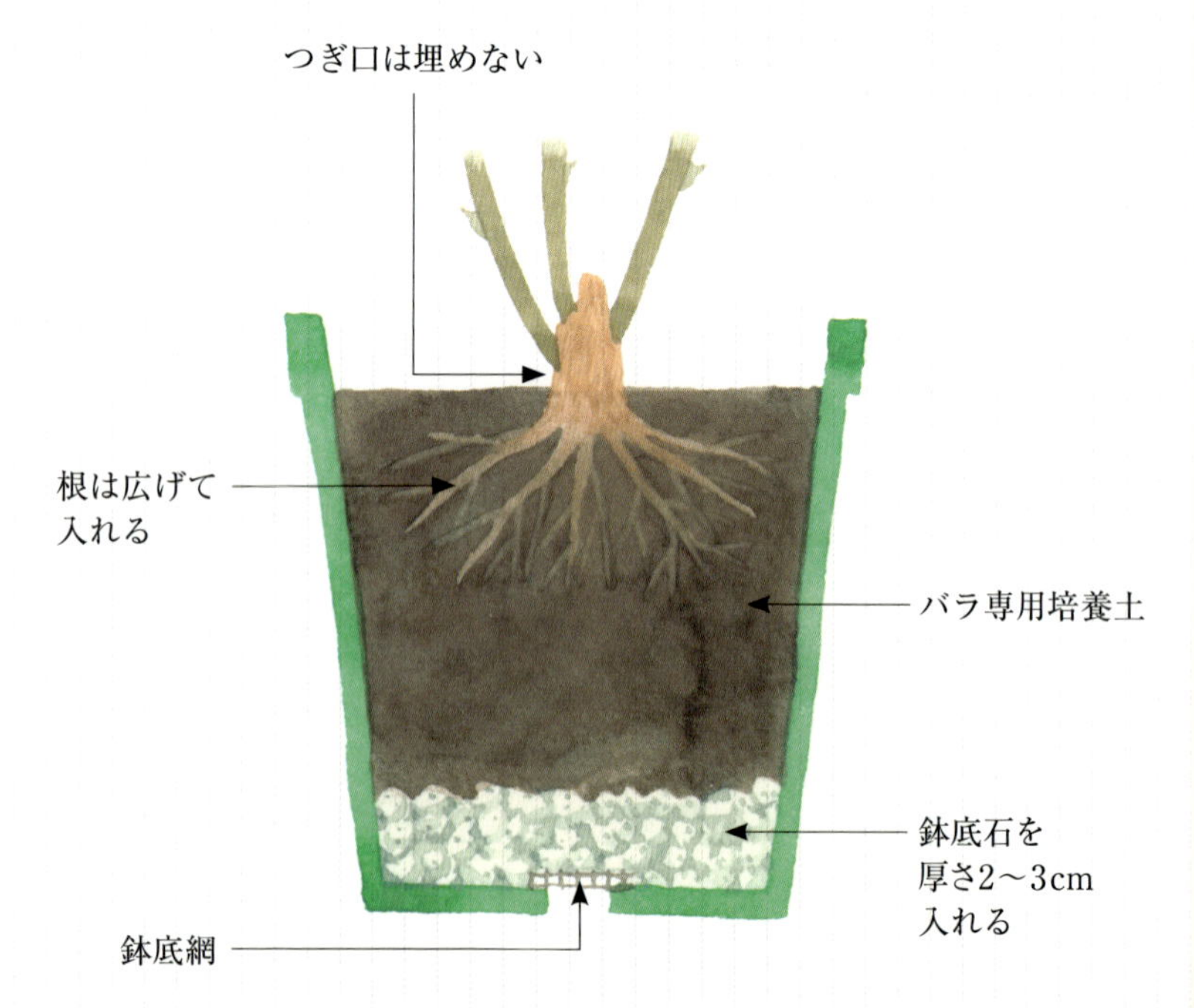

知恵 3

wisdom. 3

無理せず人にお願いする

完璧を求めない

　年を取ると体力が衰えて、できない作業が出てきます。そこで無理をして作業すると、腰を痛めたり、怪我をしたりと必ずしくじります。私はバラ作業が影響してか、一時期ヘルニアになり、歩くのも難しいときがありました。今も一日中腰痛ベルトをして、腰に負担をかけないようにしています。

　できないことは無理せず人に手伝ってもらいましょう。シニアになってからも長くバラを育てようと思ったら、人にお願いすることは避けられません。私は夫に植え穴を掘る作業をお願いすることから始まり、今では草取りや夏場の水やりをシルバー人材センターの方に、薬剤散布は植木屋さんに、元肥を施したり、植え替えたりといった作業を、懇意にしているバラナーセリーさんにお願いするようになりました。知

できないことは
人に任せましょう。
自分でできることだけでも、
山ほどあるはずです。

り合いのバラ好きの方々が、草刈りをボランティアで手伝ってくださることもあります。

可能であれば、ご家族の手を借りてください。私の周りでも早くから旦那さんや息子さんの手を借りるために、日々ご機嫌をとっている方がいらっしゃいます（笑）。

人にお願いするときに大切なのは、自分と同じようにはできないと割り切ることです。完璧を求めると人にお願いできなくなります。

最初は抵抗があるかもしれませんが、毎日庭に出ていて、バラに気持ちを割いていれば、多少人にお願いした部分があっても、自分で咲かせたという充実感はもてます。

70歳で体が弱っていない方はいません。お元気そうに見える方でもきっと努力をしていらっしゃるはずです。元気に見えるというだけですごいことなのです。

できないことは無理せず人にお願いして、できるだけ長くバラを育てていきたいですね。70歳、80歳まで自分でバラを育てるって、本当に素敵なことですから。

知恵 4

wisdom. 4

バラをふやしすぎない

日陰には宿根草を植える

いろいろな品種を楽しみたいからと、欲張ってバラの数をふやしすぎるのは考えものです。株をふやすとふやした分だけ、毎日の管理に手がかかります。

　また密植することによって、風通しが悪くなり、あらゆる病害虫のリスクが高まります。もし原っぱに1株だけという環境であれば、どんな病気や虫の心配もいらないでしょう。

　株数を絞って、株間をあけて植える。株間は最低でも1mはあけたいところです。間に新しく植えたくなっても、そこは我慢。株間をあけて植えると、一株一株ていねいに管理できます。

　また、庭にはいろいろな環境があるものです。庭全体がバラで埋めつくされているという方は、一度ご自分の庭をよく観察してみてください。日当たりがよい場所もあれば、日陰になりがちな場所もあるでしょう。お気に入りのバラを買っても、日陰に植えてしまっては、満足のいく花が咲くわけがありません。

バラは日当たりがよいところだけに植えましょう。日当たりが悪い場所で育てたこともありますが、やはり生育がよくありません。日陰に強いバラを選んでも、元気よく育つケースは少ないという印象です。

環境が万全ではない場所には、無理してバラを植えずに日陰に強い宿根草を置くとよいでしょう。おすすめはバラより背が低くて葉が美しいものや、草丈が高く伸びるものです。

また、バラと宿根草のどちらかを鉢植えにするのもポイント。どちらも地植えにすると、肥料食いのバラに施したたっぷりの肥料が宿根草にも効いてしまい、大きく育ちすぎてしまいます。

バラほどは手がかからない宿根草を取り入れて、バラを主役にした風景づくりを楽しんでみましょう。

バラと組み合わせやすい宿根草

ヒューケラの花

ヒューケラ

樹高×株張り／
20〜40cm×20〜40cm
見ごろ／通年（葉）

「バラの花が終わるころに細長い花茎が伸びて、楚々と咲きます。私は銅葉の品種がお気に入りです」

オルラヤ ホワイトレース

樹高×株張り／
60〜100cm×40〜50cm
見ごろ／4〜7月（花）

「毎年こぼれダネでたくさんふえます。白い花がバラを引き立ててくれます」

ギボウシの花

ギボウシ

樹高×株張り／
20〜60cm×40〜90cm
見ごろ／6〜8月（花）、3〜11月（葉）

「日照があまり得られなくても元気。色や質感がいろいろあるので、選べるのもよいですね」

ジギタリス

樹高×株張り／
50〜90cm×30〜50cm
見ごろ／5月（花）

「日陰向きではありませんが、花茎をスーッと伸ばすので、こんもりと咲くバラと合わせると景色がつくりやすいと思います」

「ある日ふと目覚めたときの庭の風景。いつも私の中にある秘密の花園です。バラにとっては1年に一度の装いの季節ですね」

「どんなバラが好きかと尋ねられても答えはすぐには出てきません。心に響く美しいバラをいつも探しているのです」

知恵 5

wisdom. 5

冬剪定は2回に分けて

予備剪定と本剪定

冬の剪定は最も大切な作業の一つです。今年はこんなふうに咲かせようなどとイメージしながら、枝を切るのは、本当に楽しいですよね。今も剪定は全部自分でやっています。

私は冬剪定を予備剪定と本剪定とに分けて考えています。予備剪定は不要な枝を落とす作業です。適期は11月から12月。予備剪定をしたら、残っている葉を全部取り除いて、株をしっかり休眠させます。

本剪定は翌年の1月から2月。暖かい日を選んで200株ほどを1か月程度かけてやっています。予備剪定で余分な枝を落としているので、残っているのは樹形づくりに必要な枝だけ。すごく芽を選んだり、枝を切ったりの作業がしやすいのです。また、枝を切るのと同様、切った枝を処分するのも力仕事。少しでも作業量を分散させましょう。

太い枝や堅い枝を切るときは注意が必要で、無理して一気に切ろうとすると手や肩を痛めてしまいます。私は枝の周囲に剪定バサミの刃先で2～3か所切れ込みを入れてから切ったり、ノコギリを使って切ったりしています。どちらも切り口がきれいにならないので、古い枝の場合は、切り口に癒合剤を塗っておくと安心ですよ。

昔は教科書どおりにやらなければいけないと思い、ピリピリした気持ちで剪定していました。正直、あまり楽しむ余裕なんてありませんでした。毎年細かく記録を取り、昨年はこう切ったから、今年はこう切ろうなど、失敗しちゃいけないという思いしかなかったと思います。

でも今は違います。考えるのは、目の前のバラはどんなふうに枝を伸ばし、花を咲かせたいかということと、自分はどうしたいのかということです。私が大きな花を咲かせたいと思っても、いい芽がいい位置になければあきらめるしかありません。一方、私が小さい花をたくさん咲かせたいと思ったときに、枝ぶりもそうなっていたら、存分にそう咲かせてあげます。バラと自分との関係で決めていくのです。

もちろん、セオリーどおりにならないことも多いですし、失敗することもあります。でもとても自由で楽しい作業です。こういう余裕が出てきたのは、長年やってきたからというひと言に尽きます。バラにはたくさんの決まりごとがありますが、ぜひ皆さんも一度そこから自由になってみてください。それこそ経験豊かなシニアの特権ですよ。

目の前の
バラと対話しながら、
自由にハサミを
入れていきましょう。

体への負担を減らして、本剪定をしやすく!

予備剪定の仕方

適期	適期＝11～12月

予備剪定の目的は、本剪定をしやすくすることと、剪定を2回に分けることで、体への負担を減らすことです。来年花が咲かない余分な枝を切り、枝先から4分の1～3分の1を節の上で切って、株全体をコンパクトにします。休眠させるために、葉を取る手間を省くことにもなります。

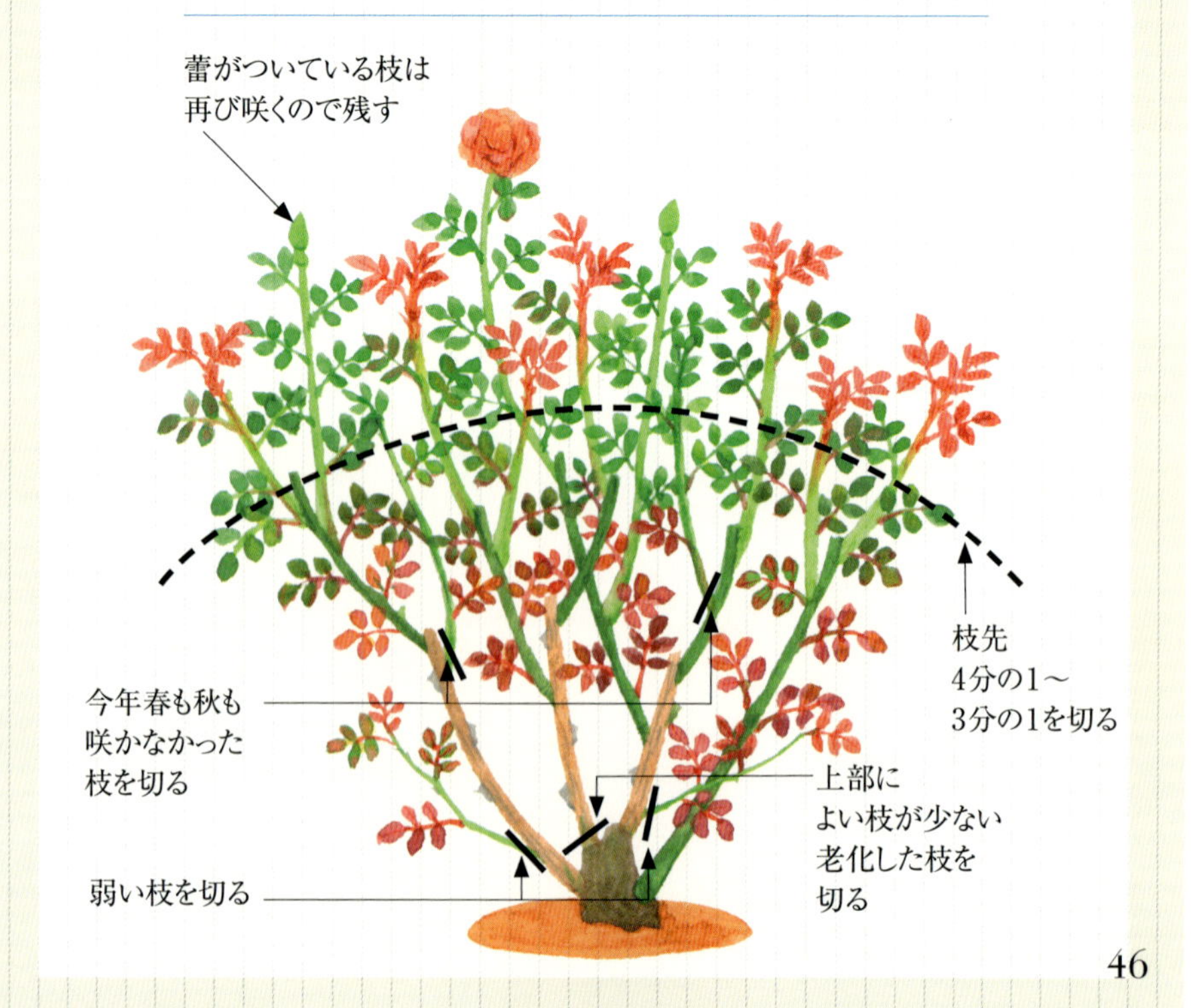

樹形をコントロールして来年の花を決める！

本剪定の仕方

適期	適期＝1〜2月

新しい芽が伸びる様子を想像しながら、剪定します。ポイントは、なるべく全部の枝にハサミを入れること、昨年出た枝を切ること、芽のすぐ上で切ること、株の3分の1〜2分の1程度の高さで、樹形が扇状に整うように切ることです。株を小さくすることで、株全体に栄養が行き渡りやすくなるので、新芽が力強く伸び、開花も充実します。

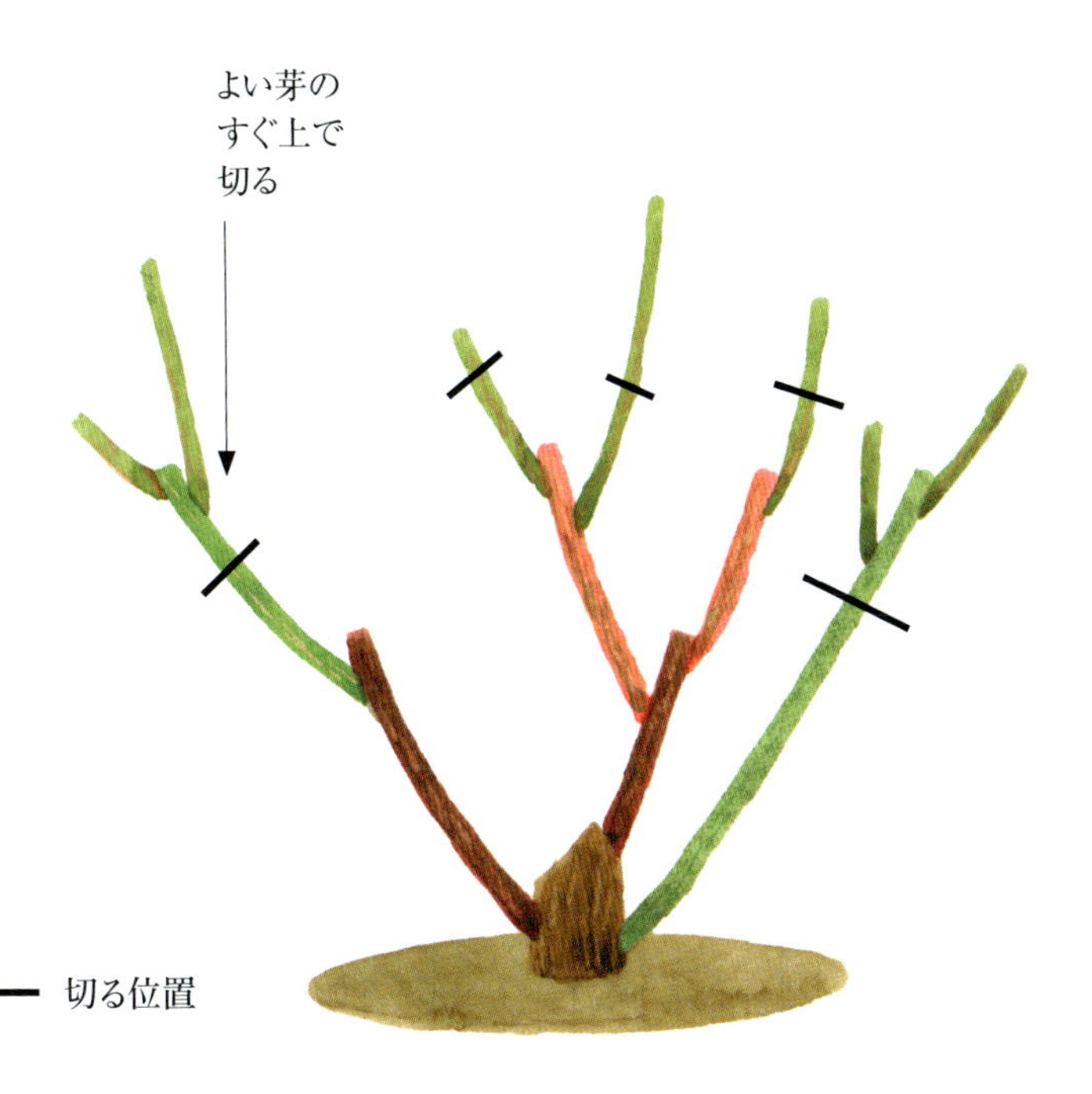

よい芽と悪い芽

本剪定の際に注意してほしいのは、
芽にはよい芽と悪い芽があること。
悪い芽は春になっても動かないおそれがあります。
剪定する際はよい芽の上で切りましょう。

2月の時点で伸びている芽

小さな枝先についている芽

悪い芽

よい芽

知恵 6

wisdom. 6

自分に合った道具を使う

合わない道具を使うのは損

皆さん何となく店頭で見かけたものを、長く使い続けてしまいがちですが、使いやすい道具と使いにくい道具とでは、疲れやすさが全然違います。体力が衰えてきたシニアの方にこそ、こだわってほしい点です。

また道具は定期的に手入れをしてあげましょう。私は全部で6丁のハサミを持っていますが、冬剪定と夏剪定の前には必ず研ぎに出しますし、自分でもしょっちゅうサビ止めを塗るなどしています。

一方、手袋などは使い捨てです。1年で10組ぐらいダメにします。手袋を惜しんでいては、いい仕事ができません。

次のページから、私が普段愛用している大切な道具を紹介しています。よろしければ参考になさってください。

愛用の道具

手袋

❶ イギリスで買ったお気に入り。柔らかい革製です。裏打ちされているので、とげが通りにくく、作業を選ばず使っています。
❷ 毎年イギリスで10組ほど買ってきます。手のひらの部分は革製、甲の部分は布製。剪定用です。
❸ 草取り用。水につけるとゴワゴワになるので、洗わずに2～3回使って捨ててしまいます。
❹ 厚いビニール製で、水作業用です。とげもわりと大丈夫です。

愛用の道具

剪定バサミ

よく使うハサミは❶〜❸です。刃が細くて扱いやすいのが❶と❷。微妙に刃の長さが違います。どちらも細かな作業に向きます。太い枝でも枝の周囲を何回かに分けて刃を入れれば、切ることができます。❸のハサミは、刃が太いので力が入り、よく切れますが、枝の間に入らないのが難点です。

バネの強さを調整する

剪定バサミを選ぶ際のポイントがバネの強さです。バネが強いハサミは動かすときに力がいるので、シニアの方には向かないと思います。

私が愛用しているハサミは、同じ形で大きさの違うものがあるので、ワンサイズ小さいハサミのバネと取り替えています。バネが弱くなって開きが小さくなるので動かすときに力が少なくてすみます。

小さいバネがない場合は、使い慣れた古いハサミのバネと取り替えてもよいでしょう。

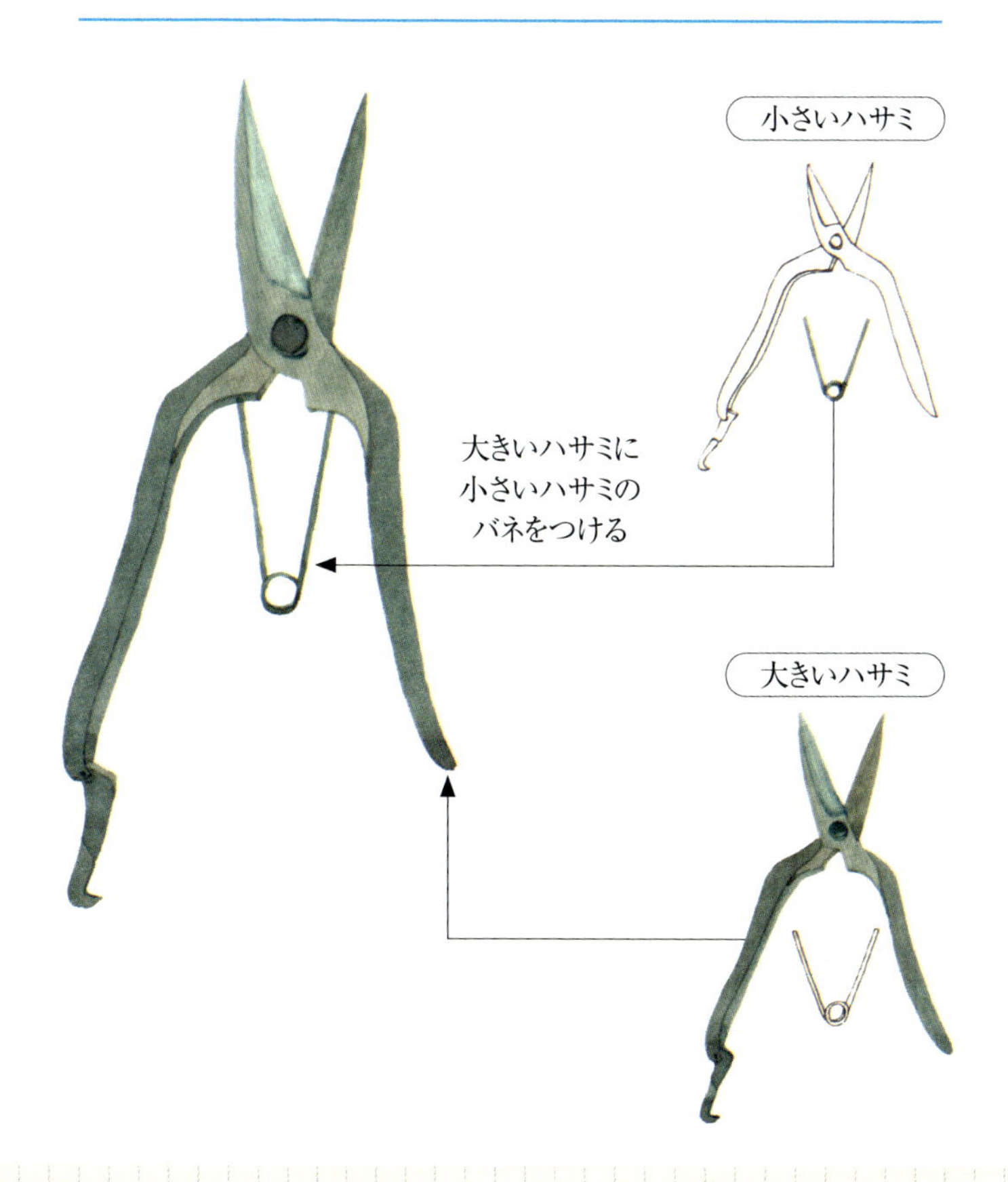

愛用の道具

バッグ

バッグは大きさで選ぶとよいでしょう。大きすぎるとしゃがんだときに土につきますし、作業中あちこちにぶつかります。このバッグは革製ですが、柔らかくて体になじむことも気に入っています。ハサミ、縄、ラベルに鉛筆など、そのとき必要なものを何でも入れています。

縄

縄は枝の誘引に欠かせません。細い縄は細い枝に、太い縄は太い枝に使います。庭植えの株に元肥を施すときに株全体を小さくまとめたり、支柱を立てて、倒れている枝を結んだりするときにも利用します。

縄は少量でも買いますが、多めに買ったものを短く切って、小さく巻き直して利用すると、便利で経済的です。

愛用の道具

長靴

短くて太いものがおすすめです。細くて長いスマートなものは、ピタッとしていて、格好はいいし履きやすいですが、脱ぐのがとても大変。年を取ると体が固くなるので、足首まで手を伸ばすのも苦労します。ガバガバしていても太くて短い長靴を選びましょう。

正直、長靴はなかなかよいものがありません。今も理想的なものを探しています。

知恵 7

薬剤散布11箇条

wisdom. 7

天気予報を常にチェック

薬剤散布は、5〜6年前から徐々に人にお願いし始めています。私はいつ、何を散布するか決め、散布する作業は人にお願いしています。

3月の終わりから10月いっぱいごろまで、10日に1回程度、一番多いときで70ℓほどの薬剤を散布しています。園芸用のスプレータイプのものを使っていては間に合わないので、農業用に販売されている薬剤を使っています。規定の倍率に薄めた薬剤70ℓを混ぜ合わせ、散布機を使って、1株ずつ主に葉の裏に薬剤がかかるように散布していくのです。

薬剤散布ができる環境は、なかなかそろいません。雨の日は散布ができませんし、気温が高くてもダメ、風が強くてもダメと、散布できるタイミングはごくごく限られています。

私は1週間分の天気予報を頭に入れて、薬剤散布をする第一希望の日と第二希望の日を常に予定しています。それでも変更を迫られます。第一希望の日の天気予報が雨になれば、第二希望の日に。第二希望の日がまた雨になれば、その前日や翌日に。1日早めたり、1日遅くしたりするなど状況によって散布する日を変更しています。

特に苦労するのが梅雨の時期です。病害虫の発生が多いですし、散布しようと思っていた日に雨が降ることも多く、思うようにできません。散布したあとすぐに雨が降ってしまって、薬剤の効果が減ってしまうこともあります。だからといって間隔をあけずに何度も薬剤散布をするのは、土にもよくありませんし、隣近所にも気をつかいます。

そんななかで、うまく散布する自分なりの方法とテクニックを覚えていくことが大切です。

どの病害虫に効くかを知ることが大切

当たり前のことですが、使用する薬剤が何に効くかを理解することが大切です。意外に理解できていない方が多いように思います。

薬剤には病気に効く（予防する）殺菌剤と、害虫に効く殺虫剤のほか、両方に効く殺虫殺菌剤というものもあります。薬剤のラベルに、使用方法などが記されているので、それに従って散布することが大前提です。

私は薬剤と一緒に展着剤とニームオイルを散布しています。展着剤とは、含まれる界面活性剤の力で、薬剤をバラになじみやすくするもの。薬剤に混ぜて一緒に散布します。私のように水和剤を多く使う場合に有効です。私はアプローチという展着剤を使っています。

ニームオイルは薬剤ではありませんが、植物を丈夫にし、病害虫にかかりにくくするといわれています。

私が使う薬剤の三種の神器は、オルトラン水和剤、サプロール乳剤、フルピカフロアブルです。オルトラン水和剤はアブラムシ、ヨトウムシなどに効果的で、サプロール乳剤は黒星病、フルピカフロアブルはうどんこ病に非常に効果的です。サプロール乳剤とフルピカフロアブルは、ほかの薬剤では防除できないときに、とっておきの薬剤として使っています。ほかにも薬剤散布について大切にしているルールがあるので、62〜65ページにまとめました。題して薬剤散布11箇条です。必ず役に立つと思いますので、来年の充実したバラを目指して、ぜひ参考になさってください。

薬剤散布11箇条

1 記録をつける

いつ、どんな薬剤を散布したか記録しておきましょう。翌年の散布内容を検討するときに、非常に役立ちます。

2 先手必勝！

病気の症状が出そうだなと思ったら、すぐに散布することが大切です。放っておいては次々と別の株も被害にあいます。昨年の記録が重宝します。

3 自分の好きなバラを育てる

病気に強い品種を育てるといった方法もありますが、自分の好みでなければ、結局大切にはしないものです。病害虫に強くなくても、自分の好きなバラを一生懸命育てましょう。

長年、
薬剤散布をして
たどり着いた
私なりの考えを
11箇条に
まとめました。

4

天気予報は毎日チェック！

薬剤散布をした次の日に雨が降ったら、薬剤の効果が薄れてしまいます。ほかにも風が強い日は散布を避けます。

5

夜までに乾く時間帯に散布する

夜間、バラが薬剤で濡れたままだと、それが蒸れの原因になり、黒星病が広がりやすくなります。

6

30℃以上の日は散布しない

真夏の高温乾燥下では、葉が薬剤によって傷み、薬害の原因になります。

薬剤散布11箇条

7

密植は病害虫を呼ぶので避ける

密植すると、風通しが悪くなり、蒸れの原因になります。また害虫が見つけにくくなるので、発見が遅れる原因になります。

8

バラ仲間の薬剤情報に耳を傾ける

「こんな薬剤が発売された」「こんな薬剤が効いた」などといった情報には、なるべく耳を傾けます。

9

ご近所さんへの配慮を

ご近所の方が洗濯物を干しているときや、小学生たちの登下校の時間は散布を避けています。また花が咲いたら、おすそ分けをしています。喜んでくださいますよ。

10

庭は生き物だと知る

庭の環境は毎年変わります。昨年うまくいったからといって、今年も同じ方法が通用するとは限りません。

11

複数の薬剤を使う

同じ系統の薬剤を使っていると病害虫に耐性ができるので、複数の薬剤で防除します。効果が同じでも数種類の薬剤を使うのが、病害虫防除の大切なルールです。

反省ばかりなのが
病害虫防除。
それでも満開のバラを見ると、
自分で庭を守ったという
充実感があります。
だから続けられるのです。

特に効いたと感じた薬剤をピックアップ！

ハダニ

アザミウマに吸汁されて傷んだ蕾

殺虫剤

ハダニに効く	●コロマイト水和剤 ●トクチオン乳剤 ●ダニサラバフロアブル ●ダニトロンフロアブル
アブラムシに効く	●アドマイヤーフロアブル ●日農スミチオン乳剤 ●トクチオン乳剤
アブラムシ、ヨトウムシなどに効く	●オルトラン水和剤 オルトランはバラの中に薬剤の成分が吸収される薬剤です。バラの葉や花を食べる害虫に非常によく効きます。
オオタバコガに効く	●アファーム乳剤
アザミウマに効く	●スピノエース顆粒水和剤

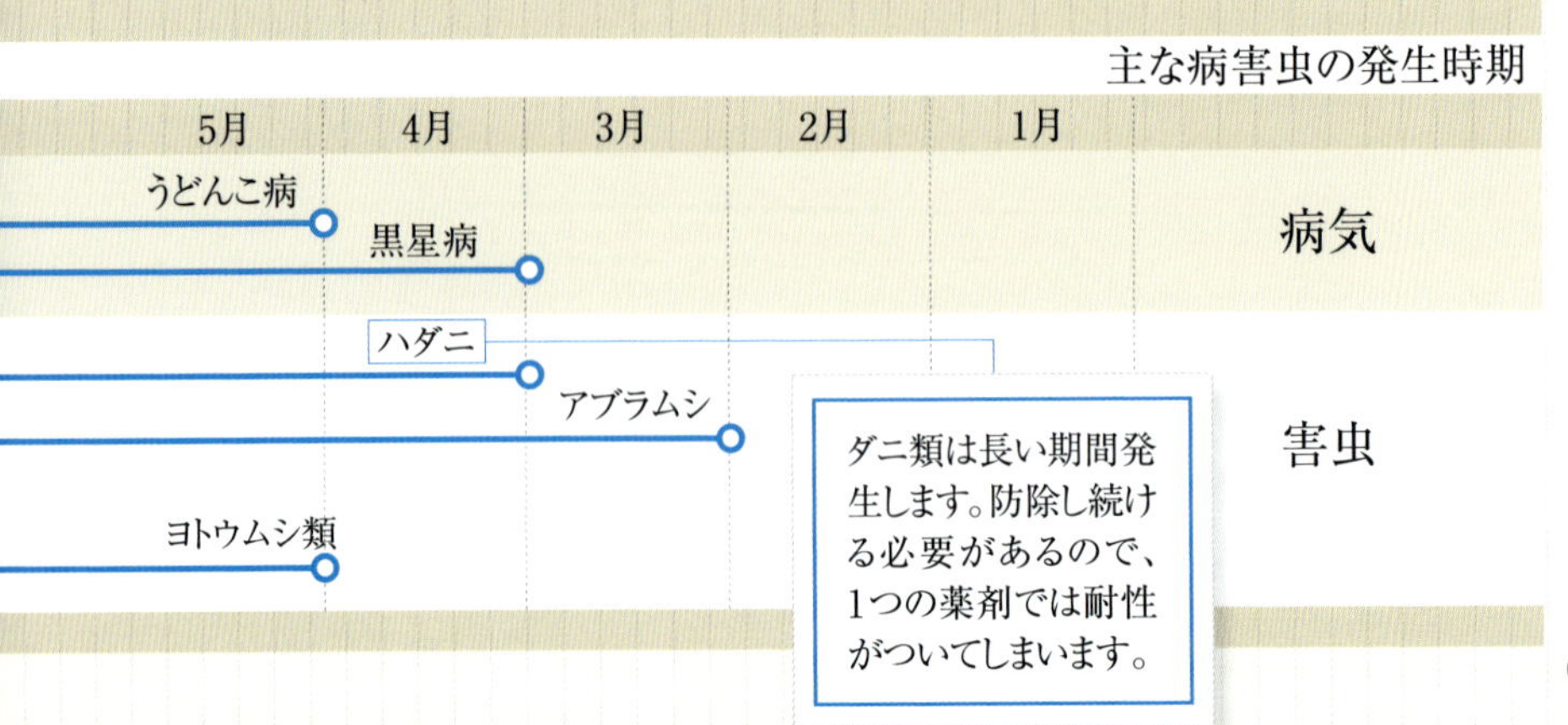

私の庭は乾燥気味なので、
病気はほとんど黒星病とうどんこ病しか出ません。
これまでに使って特に効いたと感じた、
薬剤と病害虫の組み合わせを厳選して紹介します。

殺菌剤

うどんこ病と黒星病、両方に効く	●サプロール乳剤
	●サルバトーレME
	●ダコニール1000
	●フルピカフロアブル
	●ラリー乳剤 ラリーは25℃を超えると薬害が出やすくなるので、注意しましょう。
うどんこ病に効く	●日農ポリキャプタン水和剤
	●パンチョ顆粒水和剤
黒星病に効く	●ジマンダイセン水和剤

殺虫殺菌剤

うどんこ病に効く	●ピリカット乳剤

うどんこ病の葉

黒星病の葉

真夏はうどんこ病も黒星病もひと休みです。薬剤散布も控えめにしましょう。

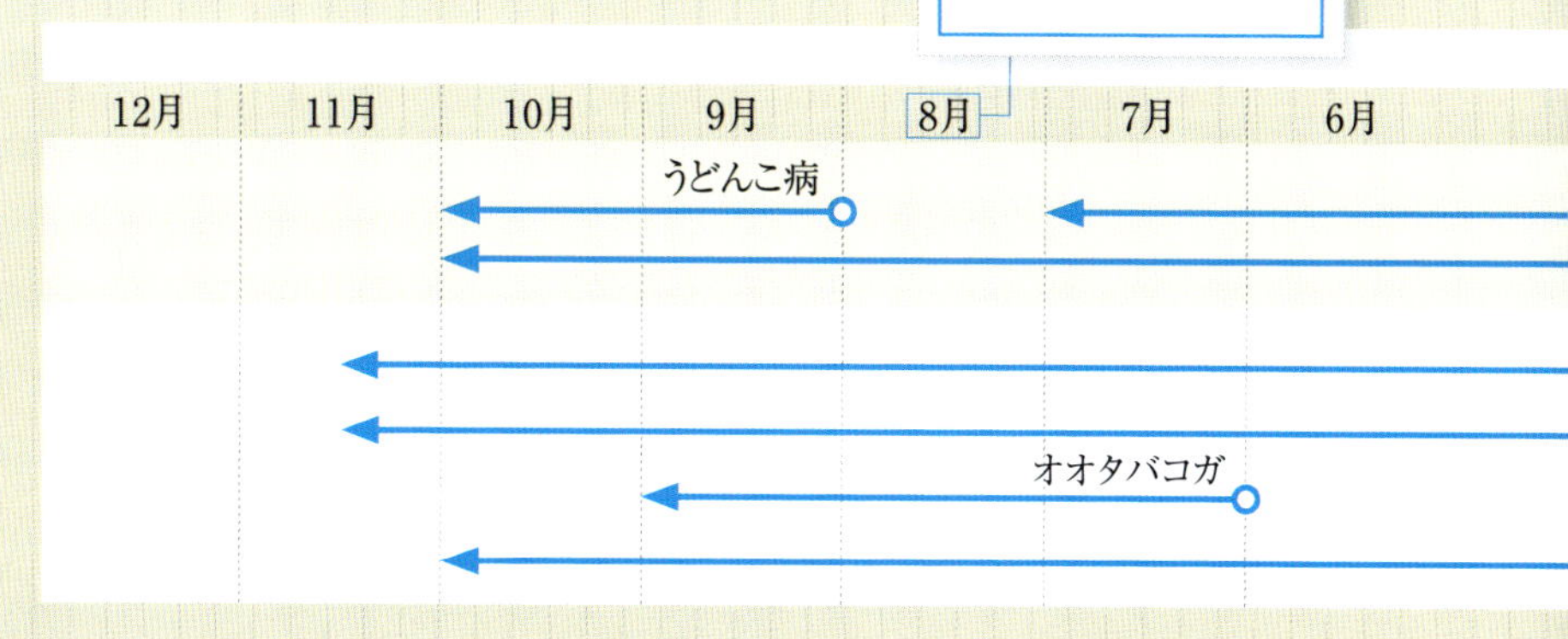

＊紹介している薬剤の効果は髙木さん個人の見解によるものです。
バラを育てる環境によっては同様の効果が得られない場合があります。

コラム

体が動かない朝は

年を取ると体中の関節が固くなります。指がうまく動かず、ボタンが止めにくくなったりするのです。70代半ばごろから、朝目が覚めても、体がカチコチに固く、すぐには起きられなくなってしまいました。そのため朝ベッドの上で行う30分のストレッチが欠かせません。

ポイントは無理しないことと、疲れたらやめること。体操がちゃんとできるかどうかが、1日の体調を判断する指針になっています。終えると体がポカポカしてきます。体操後には冬でも窓をすべて開けて空気の入れ替えをしているほどです。

自己流ですが、やることは決まっています。その一部をご紹介します。

ある日の朝のストレッチ

時間がないときは、メニューを減らして、気になる部分だけをほぐします。

ストレッチ
1

手をグー、パー、グー、パー

「まずは手を開いたり閉じたり。動かしやすい指から始めます」

ストレッチ
2

肩甲骨を動かす

「顔の前で手を合わせるようにしてから、胸を開くように外側に動かしています」

＊ストレッチは髙木さんが普段行っている様子を紹介したものです。
実践される場合は医師や専門家の指示に従ってください。

ストレッチ

3

腰を回す

「手を上げて、腰を左右にひねるように動かしています」

ストレッチ

4

長座前屈

「伸ばす時間は気まぐれです。以前は頭が膝についていましたが、今は無理につけようとはしていません」

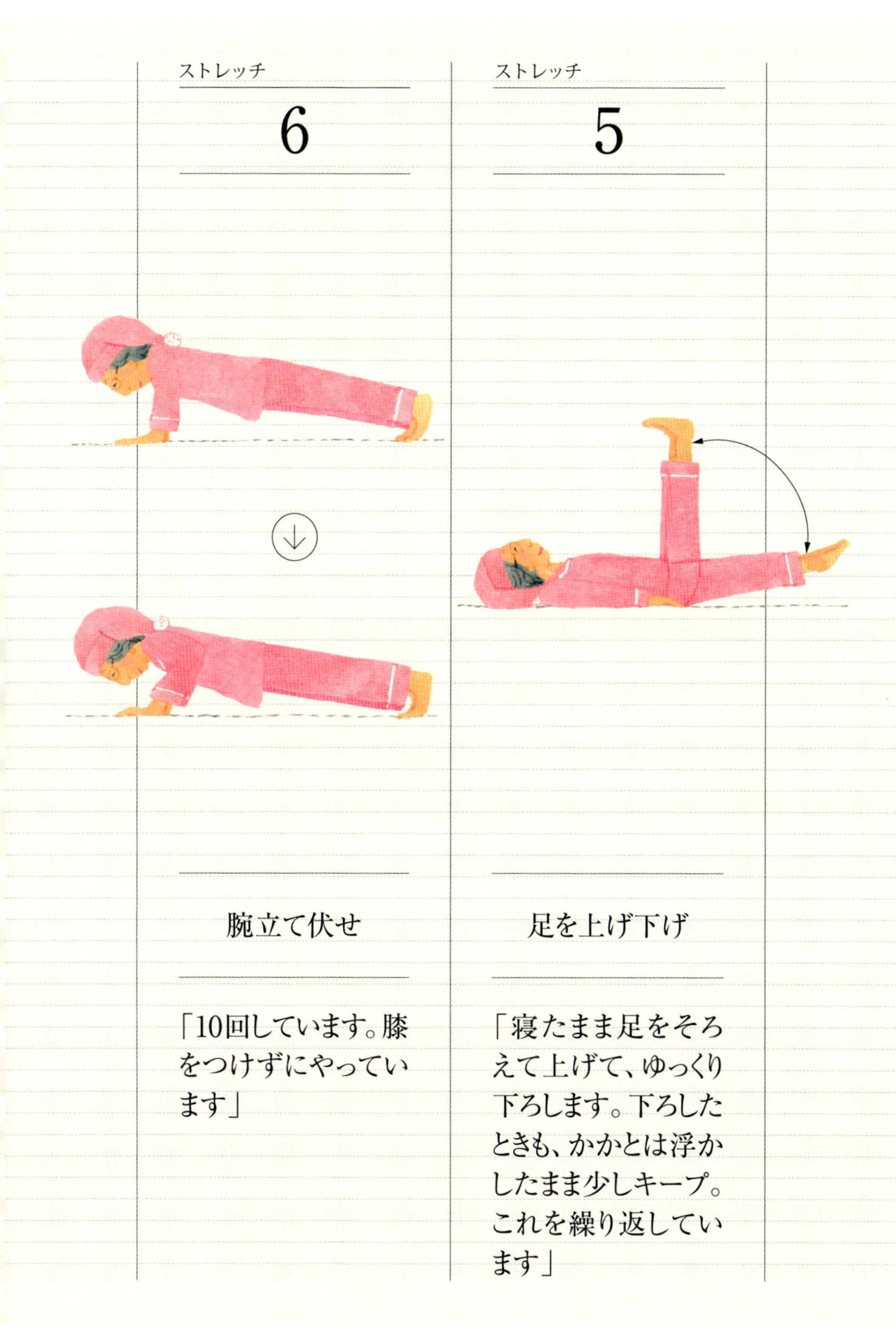

ストレッチ

5

足を上げ下げ

「寝たまま足をそろえて上げて、ゆっくり下ろします。下ろしたときも、かかとは浮かしたまま少しキープ。これを繰り返しています」

ストレッチ

6

腕立て伏せ

「10回しています。膝をつけずにやっています」

ある日の寝る前のストレッチ

Column

夜も寝る前に
2つのストレッチを
しています。

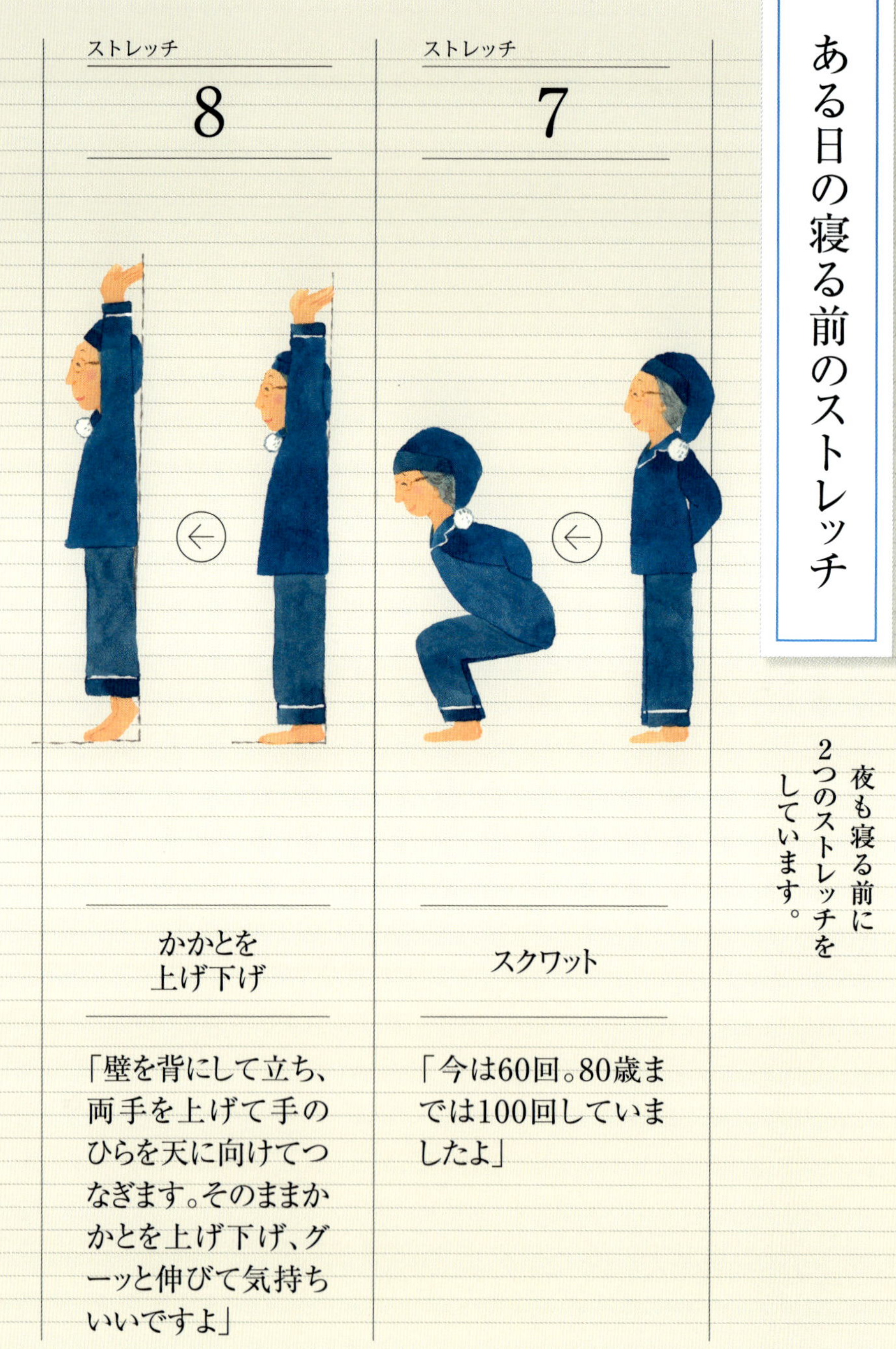

ストレッチ

7

スクワット

「今は60回。80歳までは100回していましたよ」

ストレッチ

8

かかとを
上げ下げ

「壁を背にして立ち、両手を上げて手のひらを天に向けてつなぎます。そのままかかとを上げ下げ、グーッと伸びて気持ちいいですよ」

知恵　8

wisdom. 8

夏は庭にいる時間を短く

日ざしを避けて作業する

夏の園芸作業は猛烈な暑さ、日ざしとの闘いです。庭に出るのは、朝と夕方だけ。どちらも、スーパーマーケットなどでもらえる保冷剤を包んだタオルを首に巻いて作業します。

庭に出る際は、太陽のジリジリとした日ざしをいかに避けるかがポイントです。日ざしが直接肌に感じられると、それだけで体力を消耗してしまいます。私は、日ざしを避けるために、暑い日でも深く帽子をかぶり、手袋をはめ、長袖のシャツを着て作業しています。特に日ざしが強いと感じる日は、厚手のジャケットを着ることもあります。

なるべく日陰にいることも大切です。太陽の動きに合わせて移動する日陰を渡り歩くようにして、作業するとよいでしょう。

皆さんは「10分だけ……」と思って庭に出たのに、気がついたら1時間、2時間と作業していた経験はありませんか？　庭にいるとあっという間に時間がたってしまいます。夏の暑い時期に、この調子で長く太陽の下にいるのは危険です。

私は庭に水分を置かないようにしています。のどが渇くたびに家の中に入り、冷蔵庫の中にあるものを飲むのです。庭で時間を忘れてしまうのが避けられ、冷たいものが飲めます。最近常備しているのは、レモンと蜂蜜を加えた水と、市販のザクロジュース。よく冷やして飲むと本当においしいですよ。最近年寄りは夏でも温かいものを飲めといいますけどね（笑）。

家の中ではなるべく庭のことを忘れて、気を休めるようにしています。夏は水やりや病害虫防除など、やることが多い時期です。どうしてもバラに追いかけられているような気分になるので、無理せずやりたいことをやって、今日やれなかったことは、明日やればいいといった気持ちでいるのがよいと思います。目の前のことに夢中になって、やろうとしていたことを忘れてしまうこともありますからね。

夏に作業するときのスタイル

夏の日ざしを避けるために、肌を出さないようにするのがポイントです。

タオル

「日ざしを遮るためと保冷剤を包んで首を冷やすために巻いています」

ワイシャツ

「亡くなった夫のワイシャツで少し大きめです。汚れたらすぐ洗濯機行きです」

長靴

「膝下までくる長靴は少し脱ぐのが大変。できれば足首が隠れるぐらいの長さの長靴を使いたいですね」

ある夏の1日

5:00	**起床**	
	●ストレッチ	「起きてすぐには体が動かないので、必ず行います」
	●朝食	「トーストやリンゴ、バナナなどを食べます。 ホットティーも欠かせません」
6:00	**朝の作業スタート**	
	●庭の観察	「まずていねいに庭を歩きます。カナブンなどは 毎日来るので、見つけたらすぐに捕殺します」
	●毎日の作業	「水やり、草取りなどを日陰の場所から行います」
8:00	**日中は家の中で**	
	●家事と休憩	「家事などをして庭のことを忘れ、気を休めます」
	●昼寝	「少し昼寝をすることもあります。 眠れないときも横になっています」
	昼食はとらない	「決まった昼食はとりません。作業中でも家に戻って、 少しずつパンなどを食べるようにしています。 一度に食べるより、こまめに口にしたほうが 元気が出ますね」
16:00	**夕方の作業スタート**	
	●毎日の作業	「特別なことがなければ、朝と作業の内容は変わりません」
19:00	**明日の準備や趣味を**	
	●夕食	「暗くなったら家に入り、家族と夕食をとります」
	●明日の確認	「天気予報を見ながら明日の作業の 段取りなどを考えます」
	●趣味	「スポーツ観戦が好きで、テニス中継などは 深夜まで見てしまいます。 そうなると翌日の朝起きられないので、 バラに支障がないかよく考えて夜更かしします(笑)」
23:00	**就寝**	

鉢植えには2回に分けて水やり

鉢植えのバラは水切れに注意が必要です。皆さんも夏、水切れさせて、葉が黄色くなり、大量に葉を落としてしまった経験があると思います。

私は移動させる手間や、水管理のしやすさを考えて、多くの株を8号鉢に植えていますが、8号鉢では、気温が35℃を超える日が出てくると、毎日2回水やりしなければなりません。

水やりは朝と夕方の1日2回、1鉢ずつ行っています。水やりするときは、一度たっぷり与えて、鉢底から水を流し、それがおおかた流れきったところで、もう一度たっぷり水を与えます。1回目の水やりは鉢の中を冷やすため。2回水やりすることで、鉢の中が冷たい水で満たされるのです。

水やりにはハス口がついたホースを使っています。必ず水やり前にホースの中の水を流し出しましょう。熱をもっているので、そのままバラに与えてはいけません。

庭には散水栓が5か所ありますが、それでも厳しい日ざしのなかで、長いホースを引きずって歩くのは本当に重労働で、今では2日に1日程度、人にお願いしています。

自分でやるときは、株によって水やり間隔などを細かく変えていますが、人にお願いしている日はそこまで指示ができないので、どの株にも同じように水やりしてもらっています。

マルチングマット

「乾燥防止に役立ちます。上から水をやってもかまいません。雑草が生えないのもよいですよ」

ペニーロイヤルミントを活用

夏は草取りも骨が折れます。雑草はバラよりも元気。そのままにすると、見栄えが悪くなるだけでなく、蒸れの原因にもなり、病害虫が発生しやすくなります。だからといって除草剤はいけません。土を悪くするので、バラにも影響があります。

雑草は根気よく手作業で抜きましょう。私はお風呂で使う腰掛けに座って草取りをしています。直接土をいじると、ものすごく手が荒れるので、ハンドクリームを塗って、ビニールの手袋をはめて作業しています。土が硬い場合はショベル、根が深い場合はカマを使って取っています。

また、少しでも草取りを楽にするために、ペニーロイヤルミントを植えて、グラウンドカバーとして活用しています。雑草に負けじと広がってくれる多年草で、あまり根が深く張らず、防虫効

年を取ることは、
誰にとっても未知の世界。
体調を考えない日はありませんが、
バラがあるかぎり、
来年の夏も庭に出続けます。

果もあります。そのほか地温の上昇と乾燥も防いでくれるので、とても重宝しています。

草取りも人に手伝ってもらっています。ペニーロイヤルミントと雑草の区別が難しいのですが、注意深く雑草のみを抜いてくれるので本当に助かっているんですよ。

ペニーロイヤルミント

「地面を覆うように広がります。香りが爽やかで、見た目もきれいです」

本当は毎日一日中見ていてあげたい

本当は夏の暑さのなかでも、一日中庭にいたいというのが本心です。夏はバラの成長が早い時期。日なたや日陰など気にせずに庭の中を歩いて、その成長をしっかり見てあげたいと思います。元気のない株やシュートの上がっていない株があれば、すぐに気がついてあげたいと思います。

バラの面倒を見るのは、義務ではありません。暑いけどバラの世話をしなければならないから庭に出る、といった気持ちではよい花は咲かせられないと思います。暑さのなかでもバラの変化に関心をもって、毎日庭に出たいと思うことが大切です。

バラは人間の気持ちの動きにとても敏感です。自分から気持ちが離れたと思うと、すぐに機嫌が悪くなってしまいます。皆さんも夏の日ざしに注意して、毎日庭に立ち続けてくださいね。

コラム

工夫が詰まった庭を公開します！

バラを効率的に育てるための工夫が詰まっています。その一部を紹介します。

散水栓

「庭には水やり用の散水栓が5つあります。ホースはつなげっぱなしです」

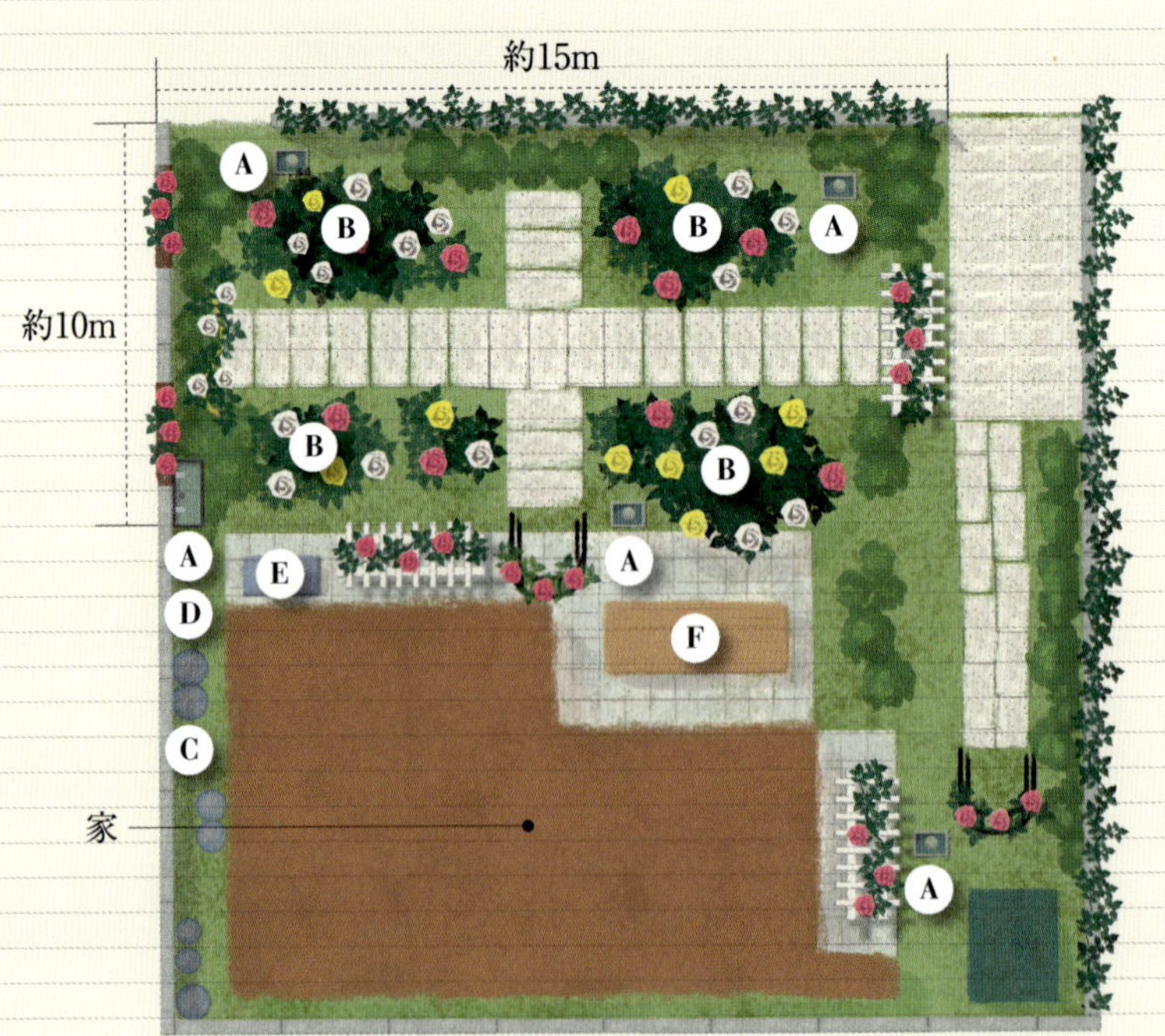

B

自動灌水装置

「4か所あります。葉に水がかかると病気の原因になるので、水がにじみ出るタイプです」

C

軒下の
バックヤード

「支柱や鉢を保管しています。庭をきれいに保つにはバックヤードが不可欠です」

D

薬剤を入れる
バケツ

「このバケツに70ℓの薬剤をつくり、Ⓔの散布機を使って散布します」

E

薬剤の散布機

「付属のホースをⒹのバケツに入れ、モーターで散布します。重いので人にお願いしています」

F

玄関前の
作業テーブル

「1.5畳分ほどの広さです。この上で植え替えたり、お茶を飲んだりすることもありますよ」

コラム

夏の後始末

夏を終えると、病気で葉が落ちた株や台風で枝が折れた株が目につくと思います。そのままにしておかず、これからの生育のために適切な対応をしておきましょう。

葉を落としてしまった鉢植えの株は過湿に注意します。これまでと同じように、水やりしてしまうと、蒸散量が減っているために過湿になり、根腐れを起こしてしまうことがあります。天気のよい日が続くので、頻繁に水やりしてしまいがちですが、バランスが大切です。

また、翌年の春に花が咲くかどうかは、今年、株がしっかりエネルギーを蓄えられていたかどうかによって決まります。葉を落としてしまった株は、なんとか新しい葉を芽吹かせて、落葉時期まで十分に光合成させてあげることが大切です。

野生種や、カクテルなど非常に丈夫な一部の品種は、葉が丸坊主になってしまっても翌年開花することがありますが、それは例外。なんとか今年のうちに新しい葉を芽吹かせてあげましょう。

葉が落ちた原因にもより

Column

ますが、枝先に少しでも葉が残っていれば回復させることが可能です。支柱を立てて、枝をしならせて水平に誘引します。すると枝の上端の芽が動く頂芽優勢という性質から、枝の途中の芽が動きだします。うまくすれば年内にも出てきた芽に葉が茂るでしょう（88ページ参照）。

　また、台風などの強風で折れた枝はそのままにしておかず、切っておきましょう。一部でもつながっていれば余分な養分を使ってしまいます。

　切り口から病気が広がるおそれもあるので、薬剤散布も行います。台風一過で暑くなるタイミングなので、散布する日は気温にも注意しておきます。

　また台風の雨は塩分を含んでいるので、できれば株全体を洗い流すつもりで、一度水やりするとよいでしょう。

　私は台風が近づくとわかったら、次のような対策をとっています。庭植えの株は支柱を周囲に3本立てて縄でまとめて、枝が暴れるのを防いでいます。鉢植えの株はあらかじめ倒しておき、転倒して枝が折れるのを予防しています。ただ２００株もあるので、とても全部はできません。特別に気になった株だけです。

　夏によるダメージはバラだけでなく、バラを育てる側にもあります（笑）。だんだん寒くなる季節ですし、体調管理には十分気をつけてください。

葉が落ちてもあきらめない!

水平方向に誘引して芽を出させる

**支柱に誘引して
水平方向に枝をしならせると、
うまくすれば秋ごろまでに
芽が伸びてきます。**

水平方向に誘引された枝

知恵 9

wisdom. 9

冬は暖かい日を選んで早めに作業

暖かい日は休まず作業

冬は植え替えに誘引、剪定と、やらなければいけないことが、たくさんあります。時間が惜しい時期ですが、作業するのは暖かい日だけ。霜が降りる日や寒い日は、庭に出ることはあっても作業はしません。寒いなかにいるだけで、体力が奪われてしまいます。一方、暖かい日は必ず作業します。毎年三が日はなぜか暖かい気がするので、年末年始も休まずバラ作業をしています。

冬は夕方になるとグッと冷え込むので、暖かい日でも作業する時間帯は10時から15時ぐらいまででしょうか。途中体が冷えてきたら、無理せず家に戻って温かいものを飲んだりしています。

着込むと動きが鈍くなってしまうので、作業するときはなるべく薄着です。最近は登山用のジャンパーやマリンスポーツ用のジャンパーがお気に入り。軽くて動きやすく、バラのとげにもひっかかりません。風を通さないのもありがたいです。

また、首周りと足元は意識して温かくするようにしています。首と足を温めると体全体が温かくなる気がするのです。そのため首周りを温めるマフラーは必須。底が厚い長靴も足裏から体温を奪われないので好んで履いています。

また冬は特に手荒れがひどくなります。寒いなか土仕事と水仕事をすると、1日で手がひび割れてしまうこともあるので、夏と同様にハンドクリームは欠かせません。いつもハンドクリームを塗ってから、ビニールの手袋をはめ、その上からさらに作業に合った手袋をはめて、作業をしています。

やるべきことは山積みなのに、なかなか作業が進まないのが冬の時期です。しかも年を取るにつれて、作業を始めるまでに時間がかかり、作業するのも遅くなり、さらに集中力も続かなくなります。

時間に追われないようにするためにも、冬の作業はなるべく早め早めに進めるようにしましょう。

植え替えは
根が見られる大切な機会。
数が多いので、
寒さと時間との闘いです。

ウィンドブレーカー

「マリンスポーツ用。ダボダボなので中に着込めるのもありがたいです」

マフラー

「厚めの大きなもの。本当は後ろに結び目をつくると作業しやすいです」

手袋

「この下にハンドクリームを塗って、ビニールの手袋をしています」

長靴

「足裏から体温を奪われるので、冬は厚底の長靴を選びましょう」

知恵 10

wisdom. 10

品質のよい培養土を選ぶ

配合によって大きな差は出ない

10年ぐらい前までは、用土にこだわり、赤玉土や腐葉土などをそれぞれ購入し、自分で混ぜ合わせてつくっていました。土を購入するときは、10ℓや20ℓの袋では持ち運ぶのが大変なので、業者の方に頼み、なんとか持てる重さに小分けにしてもらっていました。

自分で土を配合するエネルギーは大変なものです。それぞれの土を両手で持てるくらいのトレイに入れ、手で混ぜ合わせるのです。一度につくれるのは8号鉢で3鉢分ぐらい。私のように鉢植えが100鉢あれば、これを30回以上も繰り返さなくてはなりません。今思うと、すごい手間をかけていたなと思います。

用土は、赤玉土（中粒や小粒）に赤土や腐葉土を加えて使

納得できるまでやらないと
次のステップにいけません。
遠回りのように見えますが、
ほかに道はないのです。

うことが多かったでしょうか。赤玉土は硬質と謳っているものではなく、普通の赤玉土を選んでいました。

この配合に決めていたわけではなく、ピートモスを入れてみたりバークを入れてみたりと、噂を聞いてはとにかく自分でいろいろ試しました。結局、どんな配合にしても、水やりの手かげんさえ間違えなければ、バラの生育に大きな違いはなかったと思います。大切なのは、その土に合った水やり方法に慣れることなのです。ですから、鉢植えには全部同じ土を使うのが基本です。

今はナーセリーさんから培養土を購入して使っています。1袋14ℓ入りのものを買っているので、自分で動かすのは大変です。

自分でつくった土ではないので、最初は違和感がありましたが、やがて慣れました。

売られている土はいろいろクセがあって、本当にピンきりです。あるとき安売りの土を買ったところ、ピートモスが多すぎて水はけが悪く、そのままでは使えませんでした。自分で赤玉土を加えて、水はけを調整して使ったことを覚えています。初めて買う土は、どっさり買わないことですね。

庭植えにする場合も同様の土を使っています。スペースに余裕がないので、当然バラを植えていた場所に植えることになるのですが、バラはいや地性が強く、抜いたところにそのまま植えてもまず育ちません。

私は植えていた場所の土を新しい土にそっくり入れ替えて、1年寝かせてから植えています。寝かせている間は上に鉢植えでも置いておけば気になりません。

今の場所に来て30年ほどになりますが、よく庭の土がもっていると思います。本当にバラのことを考えれば、10年たったら引っ越すのが理想だと思いますが、なかなか引っ越せるものではありませんよね（笑）。

これからも培養土を買って利用していくつもりです。皆さんも自分に合った土を見つけてうまく利用してみてはいかがでしょうか。

自分で配合していたころの用土の割合

赤玉土は硬質と謳っていないものを
使っていました。
それぞれの用土は正確に量っていたわけではなく、
感触や見た目で判断していました。

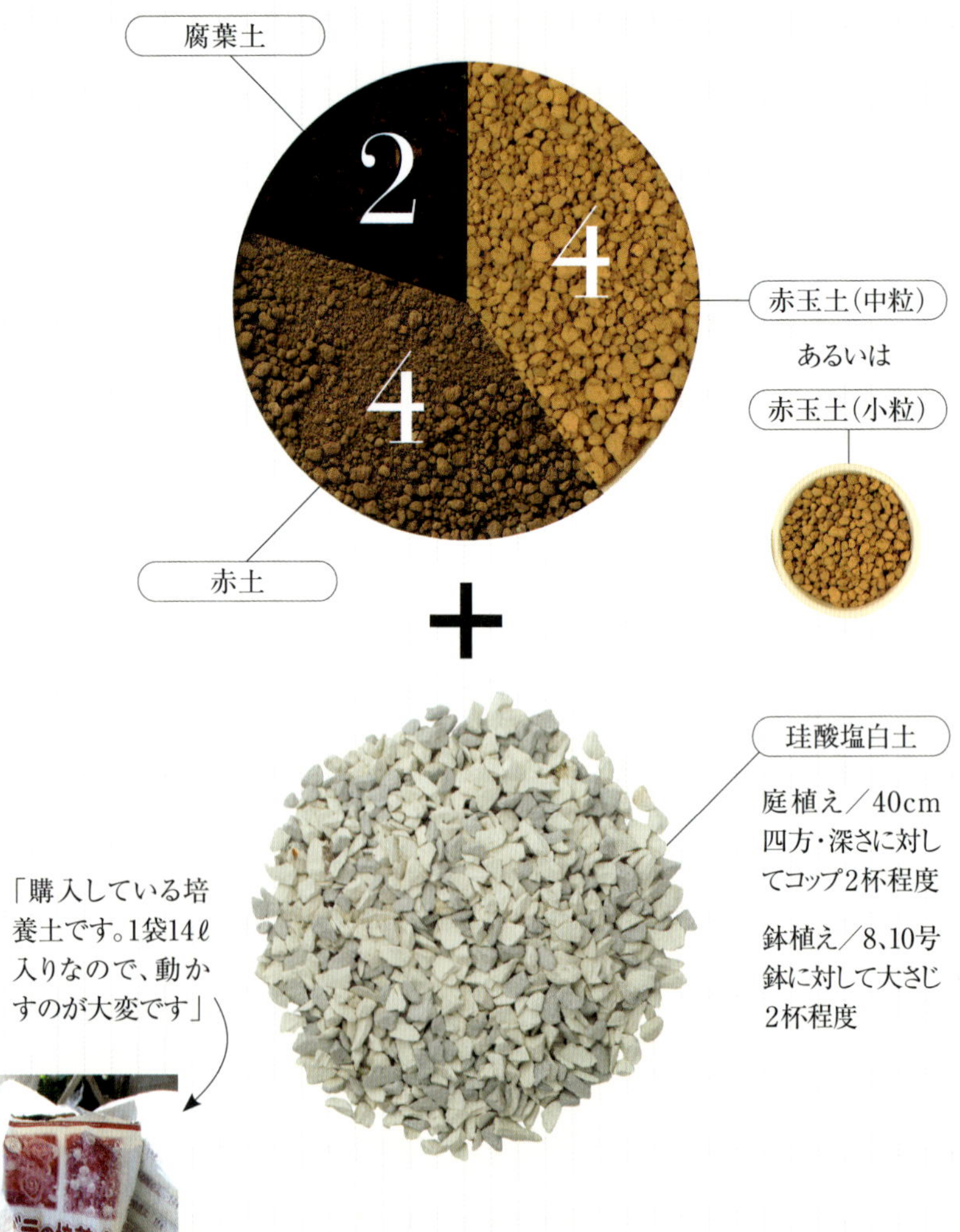

知恵 11

wisdom. 11

市販のボカシ肥料を利用する

手づくりの肥料と市販の肥料

10年ほど前までボカシ肥料を手づくりしていました。15〜16人の愛好家仲間とともに米ぬか300kg、菜種かす120kg、発酵鶏ふん180kgに糖蜜や発酵を促進させる微生物など10種類以上の材料を加えて混ぜ合わせ、3か月ほど発酵させてつくるのです。9月に作業して、年末に間に合うように完成させ、冬の肥料に使っていました。

大量につくる必要があったので、本当に大変な作業でした。皆、手づくりの肥料に、それだけの値打ちがあると感じていたんでしょうね。今では、とてもできません。

今は懇意にしているバラ業者さんからボカシ肥料を買っています。

鉢植えの株には、毎月1回施します。トロ箱に入って届いた10kgのボカシ肥料をビニール袋に移し替えて、スプーンを持って8号鉢で山盛り大さじ1~2杯ずつ、鉢の両端に施します。1日10鉢が限度なので、3週間ぐらいかけて作業します。

庭植えの株には、冬の元肥や、四季咲き種の夏の肥料として施しています。

四季咲き種の夏の肥料は1株につきだいたい1ℓほどを施します。適期は8月。地面を覆ったペニーロイヤルミントを一度がばっとはがし、株の周りに浅い溝を掘って施します。ペニーロイヤルミントは一度はがしても再び根づいてくれるので心配いりません。すべての株に施すのは大変なので、施すのはシュートが上がっていないなど気になる株のみです。

冬の元肥はもっと大がかり。適期は12月20日過ぎごろでしょうか。施すボカシ肥料の量は2ℓほど。加えて珪酸塩白土と堆肥として腐葉土も与えます。200株あると、とても自分ではできないので、先ほどのバラ業者さんにお願いしています。2～3人でいらっしゃって、1日で作業してくれます。株の近くに深さ30㎝程度の溝を掘って施してくれるのです。細かく指示をしなくても、うまくやってくれるので大助かりです。

ボカシ肥料とともに大切なのは、芽出し肥とお礼肥です。芽出し肥とお礼肥には市販の液体肥料を使っています。施し方は鉢植えも庭植えも同じです。芽出し肥は3月に葉が展開するころまで、規定倍率に薄めて水やり代わりに施していますす。お礼肥は春と秋の花が終わったあとに、1株に1回施します。元気がなく肥料不足を感じる株には2回施すこともあります。

ボカシ肥料を手づくりしていたころは「バラのためにやれることは何でもやる。全力でやる」といった気持ちでしたが、最近は力が抜けてきました。力を抜いて気持ちに余裕が出てくると、一株一株のことが、より深く見えてくるものです。

元気がない原因はなにも肥料が足りないだけではありませ

ん。根頭がんしゅ病やネキリムシが原因かもしれません。肥料はやりすぎが一番よくないので、必要なさそうだと思ったら、やらないといった気持ちが大切だと思っています。

「使用しているボカシ肥料です。バラファンさん（135ページ参照）から購入しています」

溝が難しければ、2〜3か所掘って施す

庭植えの肥料

根の先端が広がる、枝先の真下付近に溝を円状に掘って施します。夏に施すのはボカシ肥料1ℓ、冬はボカシ肥料2ℓと珪酸塩白土コップ1杯と腐葉土バケツ1杯を混ぜ合わせて施します。なるべく土に混ぜ込まず、上から土をかぶせるようにするのがコツです。溝を掘るのが難しければ2〜3か所穴を掘って施しましょう。

夏は深さ5cm程度の溝、冬は深さ30cm程度の溝を掘る

知恵 12

wisdom. 12

秋バラを十分に楽しむ

夏剪定で秋の花をより美しく

四季咲き品種は、秋にも花を咲かせてくれます。春とは違って気温が低いため、花びらが開くまで時間がかかります。蕾が柔らかくなり、薄い花びらが少しずつ色を変化させながら、ゆっくりゆっくりと開いていきます。この様子が非常に繊細でデリケート。これこそが秋バラの美しさともいうべきものだと思います。

秋にバラがゆっくりと開いていく様子を自分の庭で味わえるのは本当に贅沢。今年も夏剪定をして、その品種が一番美しく咲く時期に、しっかり咲かせてあげたいと思います。

夏剪定の適期は9月。花が咲く様子をイメージしながら剪定していきます。

まず、枯れた枝や、細すぎる枝などを間引いて風通しを図

こちらに迫ってくるのが春の花。
こちらから近づいていって、
観賞するのが秋の花です。

り、若くてまだ伸びていないシュートは指で枝先を摘みます。最後に株の形を整える気持ちで、全体を3分の2程度の高さで切ります。夏に葉が落ちた株は、浅めに剪定して葉を残しましょう。どこで切るかではなく、どれだけ葉を残すかを考えるのが正解です。

夏剪定をすることで、秋の花が咲く時期を調整できます。秋早いほうがきれいに咲く品種は早めに切って、秋遅いほうがきれいに咲く品種は、遅めに切ります。1日剪定を遅らせると、開花はだいたい2、3日遅れるので、早い品種と遅い品種とでは、だいたい15日程度ずらすでしょうか。

自分が思った時期に咲いてくれたら大喜びです。以前は毎年切った日付を品種別に記録し、今年は今日切ろうか、明日切ろうかとワクワクしながら作業をしていました。

特に楽しみなのが、花弁が少なめな品種です。花弁が多い品種は秋遅いと咲かないときがあるので早めに切りますが、ハイブリッド・ティーやティー・ローズなどのなかで花弁が少ない品種は秋遅く、寒くなった11月中旬でもきれいに咲いてくれます。

秋バラを美しく咲かせる

夏剪定の仕方

適期	9月

四季咲きの品種は9月中旬ごろまでに夏剪定を行います。剪定しないと、高く伸びた細い枝先に小さい花が咲くだけになります。

剪定後も光合成をさせるため、なるべく葉を残して切りましょう。3分の2程度の高さが目安です。5枚葉の上5㎜程度のところで切ります。ただし夏に葉を落とした株は葉を残すために、もっと上で切りましょう。

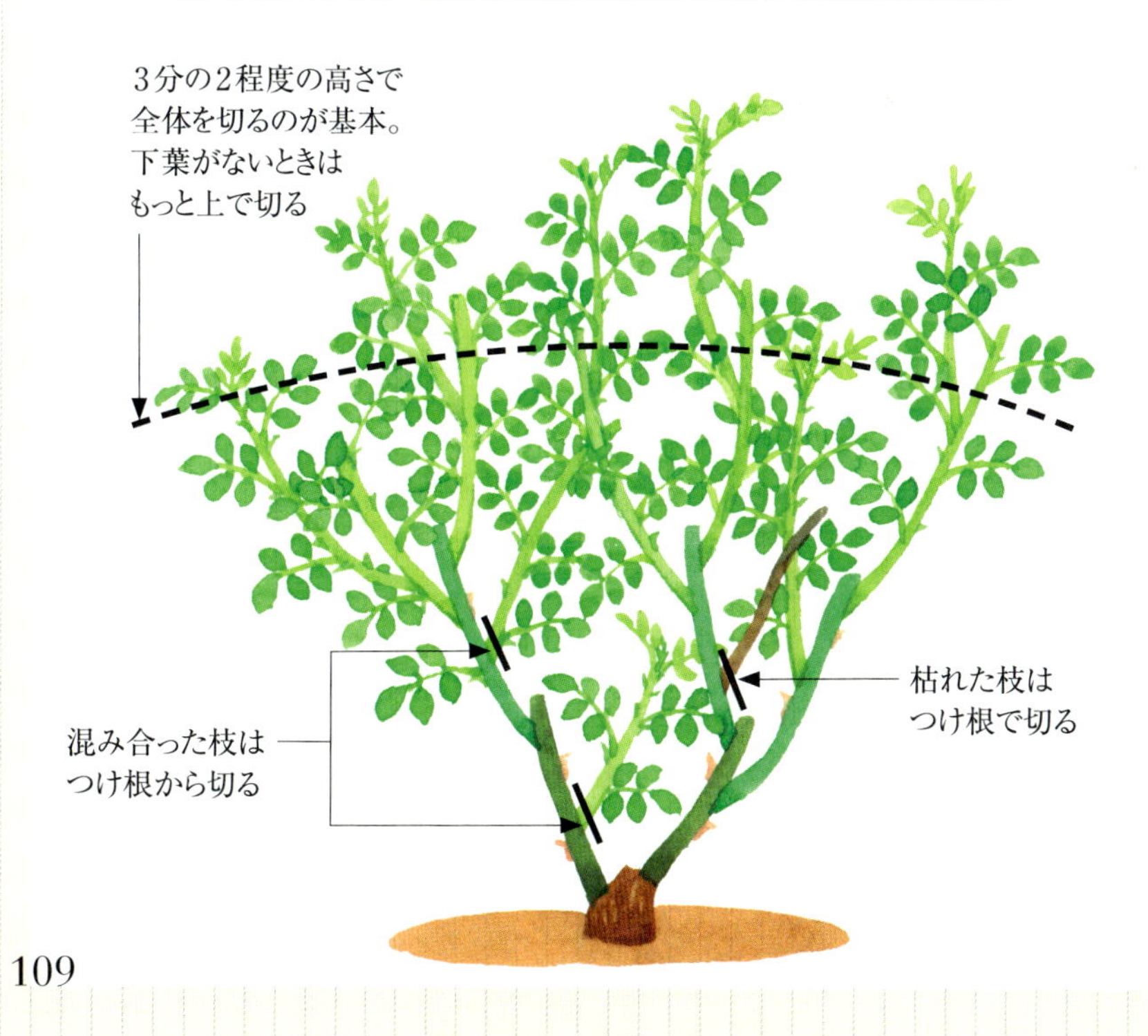

秋の花が美しいバラ

秋の花がいっそう魅力的な品種を紹介します。
ゆっくりと咲き進んでいく様子をじっくり観賞してください。

パパ・メイアン

木立ち性　四季咲き
樹高×株張り／1.8m×0.6m
花径／14cm程度
香り／強い

「秋はいっそう黒みを増して、ダーククリムゾン色に。春に比べ小ぶりに咲き、引き締まった端正な花形になります。ベルベットの質感の花びらが特徴的です」

オーギュスティーヌ・ギノワッソー

木立ち性　四季咲き
樹高×株張り／1.0m×0.8m
花径／12cm程度
香り／強い

「繊細な花びらです。湿度が高いとボールし*、気温が上がると白っぽく咲きます。秋、タイミングよくシャープな剣弁状に咲くと、とてもきれいです」

*湿度によって、外側の花びらがくっついて花が開ききらないこと。

マダム・アントワーヌ・マリー

木立ち性　四季咲き
樹高×株張り／1.0m×1.0m
花径／8cm程度
香り／普通

「濃いピンクの蕾は、咲き進むにつれ淡くなり、クリーム色がのります。春はゆるりと咲きますが、秋には芯を巻いて整った姿も見せ、散り際の美しさが長く楽しめます」

ラベンダー・ピノキオ

木立ち性　四季咲き
樹高×株張り／1.0m×0.9m
花径／7cm程度
香り／普通

「丸弁平咲きで、4～5輪の房咲き。薄紫色からベージュに、やがてグレーに変化します。秋にはさらにブルーを帯びてやさしい美しさを感じさせます。樹形は横張り」

オータム

木立ち性　四季咲き
樹高×株張り／1.2m×0.9m
花径／13cm程度
香り／普通

「クリーム色の蕾から明るいオレンジ色に咲き進むHT品種。秋の散り際には、カクタス咲きの美しい花形を長くとどめる忘れがたい花。爽やかなティーの香りがします」

グレー・パール

木立ち性　四季咲き
樹高×株張り／1.0m×0.8m
花径／9cm程度
香り／弱い

「花首がしなやかでやさしく、花はベージュともグレーともいい難い、あやしい色合いです。半剣弁高芯咲きからロゼット咲きに進みます。コンパクトでとげが少なめです」

ブラック・ティー

木立ち性　四季咲き
樹高×株張り／1.2m×1.0m
花径／13cm程度
香り／普通

「ゆるやかな半剣弁高芯咲きです。ユニークな濃い紅茶色の花は、秋に暗い色を帯び、非常に魅力的です。花形・花色・ティーの香りに日本的な風情があります」

コラム

秋の庭を彩るローズヒップ

バラの実のローズヒップは一季咲き種の楽しみです。魅力的なローズヒップをつけるのは、つる性のバラに多いと思いますが、つるバラは伸びすぎてしまうのが、悩みどころです。

私はローズヒップを楽しむために、ノイバラ（ロサ・ムルチフローラ。別名野バラ）のとげがないものを3株と、ロサ・エグランテリア、ロサ・フォリオローサを植えています。

なかでもおすすめはノイバラ

ロサ・エグランテリア

ロサ・フォリオローサ

Column

10月ごろから
色づくローズヒップ。
秋の庭に欠かせません。

ロサ・ムルチフローラ

でしょうか。ノイバラは丈夫で管理が簡単なのと、小さな花一つ一つや花房の大きさなどに、個体差があるのも魅力です。

ローズヒップをきれいに色づかせるためには、ヒップをしっかり日に当てる必要があります。そのため花後に伸びてくる新芽を落として、日陰ができないようにしています。

ローズヒップは幅広く利用できるのも大きな楽しみです。枝を切って水にさしておけば、年明けまでもちますし、リースにすれば何年も観賞できます。そんな魅力的なローズヒップなので、狙っているのは私だけではありません。完熟したローズヒップはスズメなど小鳥たちの大切な食料。毎年取り合いをしています。以前はノンビリしていて、株全体のローズヒップが、一日にしてなくなるなんてこともありました。

今ではローズヒップの色づき具合を見て、いつスズメが食べに来るか、わかるようになりました。もう丸坊主にされることはありません。スズメが食べに来る1日前を狙って収穫しています（笑）。

楽しみが広がるローズヒップ、皆さんもぜひ活用してみてください。

花の季節が終わると
庭は哀愁をたたえます。
ローズヒップが輝くのを見ながら、
この1年を振り返るのです。

コラム

バラの散り際に惹かれるように

　バラは蕾から散るまでのステージすべてが美しいと思います。ですから、蕾が色づいて萼が下がってきたら、もう大変です。開花から散るまでのプロセスをしっかり楽しみたいので、1日何回でも庭に行くことになります。蕾のときと、満開のときしか頭に思い浮かばない花が多いなか、これはバラだけがもつ特別な魅力なのではないでしょうか。

　美しさの捉え方は年々移り変わるものです。私は以前は蕾から満開にかけてのバラが一番美しいと感じてましたが、今は散り際に惹かれています。ぜひ皆さんもお気に入りの花のお気に入りの瞬間を見つけてください。

Column

最も
散り際が美しいと
感じるバラ

ブラッシュ・
ブールソール

つる性　一季咲き
樹高×株張り／2.5m×1.5m
花径／7cm程度
香り／微香

「ゆるいロゼット咲きから咲き進み、やがて花びらが外側に反り返って、細くなります。光を通したときに感じられる薄い花びらの質感が、エレガントです」

おすすめの散り際が美しいと感じるバラ

つるミセス・サム・マグレディ

つる性　返り咲き
樹高×株張り／2.5m×2.0m
花径／12cm 程度
香り／強い

「剣弁高芯咲きの整った花は、花びらが大きく展開してゆるやかに咲き進みます。銅色を含んだオレンジ色の花色が、ほとんどピンクに変わる様子もきれいです」

サー・エドワード・エルガー

木立ち性　返り咲き
樹高×株張り／1.0m×0.6m
花径／7cm 程度
香り／普通

「深いカップ咲きからロゼット咲きへと色あせながら、咲き進みます。クォーター・ロゼット*に咲くとよりきれい。複雑に重なる花びらの間に、哀愁をたたえます」

*ロゼット咲きのなかでも花の中央が4つに分かれたように咲くケース。

おすすめの
散り際が
美しいと感じるバラ

マグレディズ・ジェム

木立ち性　四季咲き
樹高×株張り／1.0m×0.8m
花径／12cm 程度
香り／普通

「剣弁高芯咲きの花で、花びらの先は青みを帯びたピンクですが、咲き進むにつれ、花びらの底からクリーム色に。開ききってから散るまでが、一番きれいです」

知恵　13

wisdom. 13

つるバラ選びは慎重に

シュラブ系をつるバラのように扱う

つるの誘引は年内には終わらせておきましょう。1月に入ると芽が動きだします。芽が動いている時期に誘引すると、動きだした芽がぽろぽろ落ちてしまうことがあります。

今は、20～30株のつるバラがあり、高さ2～3mほどのパーゴラや背の低いアーチやフェンスに誘引しています。

11月末になると、いらない枝を切り、残した枝の葉をむしり取ります。葉を取ることで誘引しやすくなり、葉に残っていた病害虫の菌や卵も処理できます。この作業だけで1株につきだいたい1日かかるでしょうか。つるバラは木立ち性のバラなどに比べて丈夫なので、少しでも長く葉をつけておこうという意識はあまりありません。

誘引には、シュロ縄と麻ひもを使っています。太い枝はシュロ縄、細い枝は麻ひもで結んでいます。どちらも自然素材なので、外すときにハサミで切って、土の上に残してしまっても、気になりません。

今は脚立に上がるのもひと苦労なので、パーゴラへの誘引は自分ではできなくなりました。4〜5年前から人にお願いして誘引してもらっています。ちょっと視線が高くなるだけで、視界がクラクラしてしまうのです。上がるとしても、5〜6段ある大きな脚立の2段目まで。それも土が軟らかい場所など、地面が不安定な場所は避けています。今、自分でするのは背の低いアーチやフェンス、オベリスクだけです。

シニアの方には、シュラブ系（半つる性）の品種をつる仕立てにするのがおすすめです。つるが柔らかいので扱いやすく、あまり伸びないので、無理なく背の低い構造物に誘引できます。しかも、多くが四季咲きか返り咲きです。

つるバラは一度植えたら、なかなか動かせません。何年もそこで楽しむものだからこそ、長くつき合える自分のお気に入りのバラを選びたいですよね。

柔らかくコンパクトなつるバラ

風景をつくってくれるだけでなく、
手元で楽しむこともできます。
今は管理できると思っても、
将来を考えて小さい品種を選びましょう。

パピヨン

半つる〜つる性　四季咲き
樹高×株張り／2.0m×1.5m
花径／6cm程度
香り／普通

「枝はやや堅く、伸びますが、とげが少なく誘引しやすいティー・ローズです。小さいアーチに絡ませます。春には株を覆うように花を咲かせます。秋の花は少な目です」

セプタード・アイル

半つる性　四季咲き
樹高×株張り／1.5m×1.5m
花径／8cm程度
香り／強い

「柔らかく扱いやすいイングリッシュローズ。カップ咲きから、ロゼット形に咲き、2〜3輪の側蕾をつけます。冬に剪定してもよく咲き、ミルラ香があります。オベリスク向きです」

レーブドール

半つる性〜つる性　返り咲き
樹高×株張り／3.0m×1.5m
花径／7cm程度
香り／普通

「しなやかで誘引しやすいノワゼット系。冬に剪定してもよく咲きます。やさしいティーの香りで、バフイエローから淡い色に咲き進みます。フェンスやオベリスク向きです」

ストロベリー・ヒル

半つる性　返り咲き
樹高×株張り／1.5m×1.5m
花径／9cm程度
香り／強い

「オレンジ色を帯びたサーモンピンクの花はロゼット形に咲いたほうがきれいです。枝に動きが出しやすいので、遊ばせるように誘引しましょう。特に香りがよい品種です」

スノー・グース

半つる性〜つる性　四季咲き
樹高×株張り／2.0m×1.5m
花径／5cm程度
香り／普通

「枝が柔らかく、とげも少ないイングリッシュローズ。細い花びらを重ねた小輪の花が特徴的で、春には30輪ほどの大房をつくって、枝垂れるように咲きます。フェンスやアーチに向きます」

ブラッシュ・ノワゼット

半つる性　返り咲き
樹高×株張り／1.2m×1.2m
花径／6cm程度
香り／普通

「小輪の花が10〜20輪の大きな房になり、愛らしいです。2〜3年目からよく育ち、シュートの先にも花をつけて返り咲きます。ややフルーティーなムスク系の香りです」

半つる性　返り咲き
樹高×株張り／1.5m×1.5m
花径／8cm程度
香り／強い

「青みのあるピンクの花は、ややグレーを帯びてきます。深いカップ咲きからロゼット咲きに進みます。オールドローズのような雰囲気で、複雑なミルラ香があります」

スピリット・オブ・フリーダム

半つる性　四季咲き
樹高×株張り／2.5m×1.5m
花径／8cm程度
香り／普通

「浅いカップ咲きからロゼット咲きに。外側の花弁に濃いピンクを残して咲きます。花枝は細く長くとげが少ないため誘引しやすい。冬に切りつめても、春がきれいです」

モーティマー・サックラー

知恵 14

wisdom. 14

忘れられない品種を育てる

記憶に残っているバラは、今でも感激させてくれるはず

夏が終わるころに、バラ園さんから、最新のカタログが届きます。よく見ているのは、京成バラ園さん、京阪園芸さん、姫野ばら園さんのカタログです。

日本でカタログが一般的になったのは、1980年代に入ってから。イギリスからデビッド・オースチン・ロージズとピーター・ビールス・ロージズのカタログを取り寄せて読んでいたのも、そのころです。

最近は株数を減らしているので、買うのは多くても1年で減ってしまった株数分だけ。最近は小さな新苗で買うことが多くなりました。毎年たくさんの新品種が発表されていますが、もうそんなに買うことはありません。主に買うのは以前育てていて、もう一度育てたいと思うバラばかりです。

そんなバラの一つにトゥール・ドゥ・マラコフがあります。ケンティフォリア系のオールドローズで、もう震えるほど好きな品種です。イギリスで見たときに魅せられました。暑さと蒸れに弱いため、東京では夏に葉を落としやすく、3～4年でシュートが上がってこなくなります。何度もダメにしているのですが、1～2年するとまた手元に置きたくなってしまうのです。

栽培がかなり難しいので初心者向きではないのですが、私のように昔の品種も気にかかるというへそ曲がりの方や（笑）、涼しい地域にお住まいの方に、ぜひおすすめしたいバラです。

カタログを見ていると、どうしても新しい品種が魅力的に見えるものですが、記憶のなかにあるバラこそが、あなたにとって大切な品種のはずです。もうあれもこれもと欲張れないからこそ、自分だけの思い出のバラを、もう一度手元に置いてみてはいかがでしょうか。記憶に残っているバラは、今でもきっと変わらず、あなたを感激させてくれるはずです。

忘れられない
トゥール・ドゥ・
マラコフ

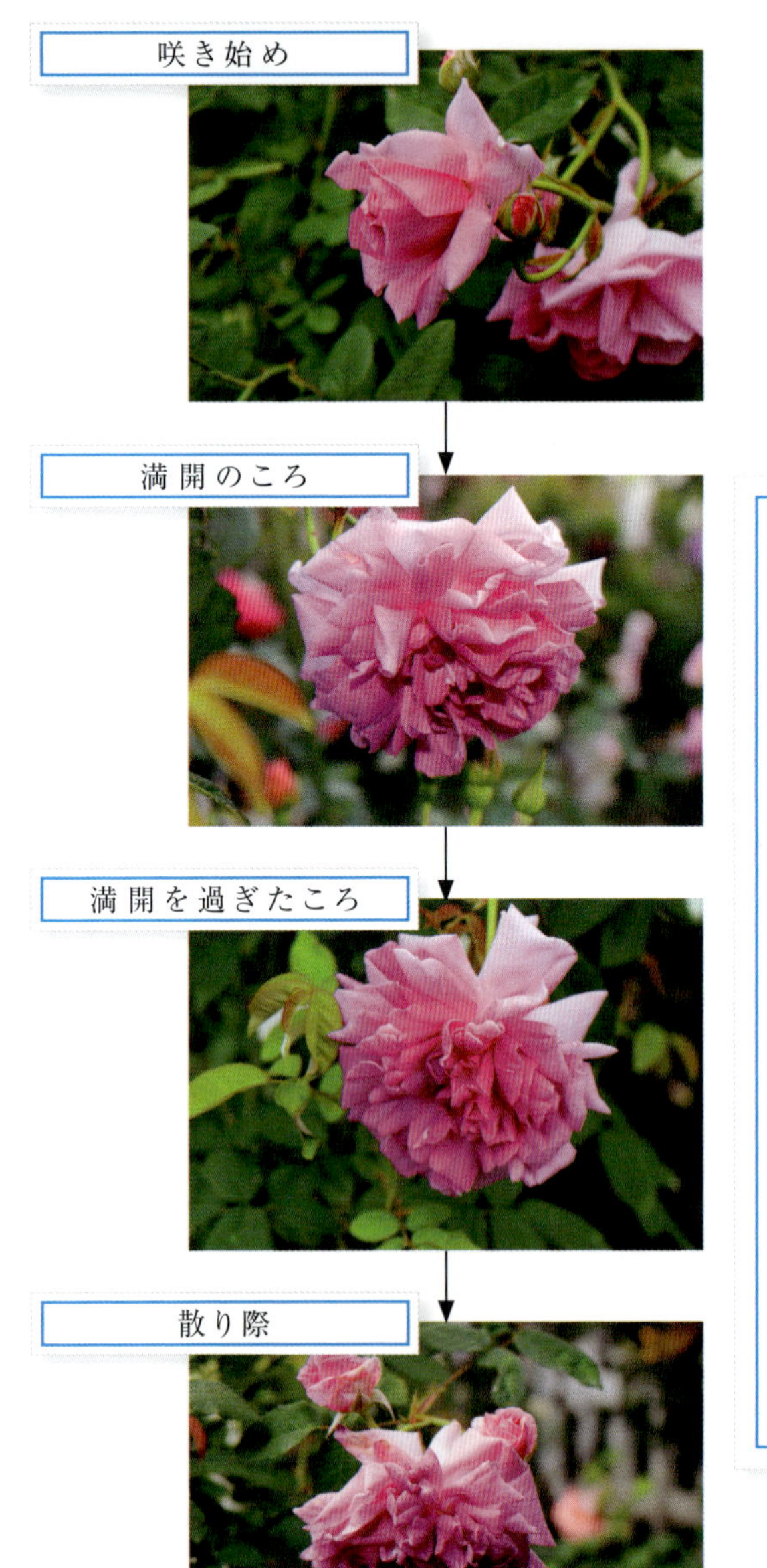

トゥール・ドゥ・マラコフ

半つる性　一季咲き
樹高×株張り／1.3m×1.0m
花径／14cm程度
香り／やや強い

「青みのある濃いピンクの花は、弁脈が透けてユニーク。散り際にはグレーを帯びた、かすむような紫色に。ゆるいロゼットから剣弁に咲き進みます。冷涼地ではつる仕立てにも向きます」

おすすめのナーセリー

BARAFAN	住所／〒365-0005　埼玉県鴻巣市広田1899 TEL／090-9675-9146 http://www.barafan.biz/ 「私の庭にある品種はたいていあります。品物はとてもよく大株が多いです」 ネット販売／店舗販売（金・土・日曜日のみ）
姫野ばら園 八ヶ岳農場	住所／〒399-0101　長野県諏訪郡富士見町境9700 TEL／0266-61-8800 FAX／0266-61-8801 https://himenobaraen.jp/ 「オールドローズといえばここ。欲しい品種がちゃんとあります」 カタログ販売／ネット販売
ひかりフラワー	住所／〒185-0034　東京都国分寺市光町3-2-1 TEL／042-572-2839 FAX／042-572-3028 http://hikarirose.com 「育てやすい品種が多く、愛好家の気持ちをわかっています」 カタログ販売／ネット販売／店舗販売
京成バラ園芸	住所／〒276-0046　千葉県八千代市大和田新田755 TEL／047-450-4752（カタログ販売・平日のみ） FAX／047-459-2026 http://www.keiseirose.co.jp 「古い品種から新しい品種まで何でもござれ。さすがです」 カタログ販売／ネット販売／店舗販売
京阪園芸	住所／〒573-0061　大阪府枚方市伊加賀寿町1-5 TEL／072-844-1781（京阪園芸ガーデナーズ） TEL／072-844-1187（WEBショップ） https://keihan-engei.com 「多くの品種をお持ちです。なぜか私好みの品種がたくさん」 カタログ販売／ネット販売／店舗販売

2018年4月現在

コラム

好きなバラに出会うコツ ～バラの歴史に目を向ける

私はすでにある何万品種のなかに、自分を心の底から感動させてくれるバラがあると信じています。

スヴニール・ドゥ・ラ・マルメゾンという品種をご存じでしょうか。日本語にすると「マルメゾンの思い出」となります。マルメゾンとは、ナポレオン1世の初代皇后、ジョセフィーヌの館のこと。ジョセフィーヌはバラを愛したことで有名で、世界中のバラを庭に集めたとされています。

彼女がすごいところは、庭に植えただけでなく、それらのバラを交配させ、新しい品種をつくろうとしたこと。品種名にはつくった人の思いが必ず込められているものです。この品種をつくった方はそんなマルメゾン城の庭に植えられたたくさんのバラとジョセフィーヌの思いを表現しようとしたのでしょう。

今から30年ほど前になりますが、海外のカタログで初めてこの品種名を見たとき、なんて魅力的な名前なんだろうと思い、見たことのない花へのイメージがグーッと広がり、どうしても入手したいと考えたものでした。今では有名なバラですが、当時は育てている人がいなかったのです。

そんなとき、とあるバラのコンテスト会場に出店していたナーセリーの方になんとか入手できないかと相

品種の歴史に目を向けることは、
世界の育種家に目を
向けることにもなるのです。

談したことがありました。その方は「1年待ってください」とおっしゃって、1年後に芽つぎした苗を持ってきてくださったのです。とてもとても感激しました。当時ナーセリーでアルバイトをしていたその大学生は、今NHK「趣味の園芸」でもおなじみの河合伸志さんです。スヴニール・ドゥ・ラ・マルメゾンは、今の時代にジョセフィーヌの思いをつなぎ、私と河合さんもつなげてくれました。

そんな思い出いっぱいの品種です。

皆さんもときには古い品種に目を向けてみてください。古い品種に目を向けることは、品種の歴史に目を向けることです。品種の交配親をたどっていくと、意外な組み合わせに巡り合うかもしれません。過去の品種にも目を向けて、自分から追い求めるようになれば、もっと好みのバラに出会えますし、もっと深くバラを楽しめるでしょう。

Column

スヴニール・ドゥ・ラ・マルメゾン

木立ち性　四季咲き
樹高×株張り／1.0m×1.0m
花径／9cm 程度
香り／強い

知恵　15

wisdom. 15

バラに追いかけられるのではなく、バラを追いかける

やりたいことだけをやる

「知恵8」（73ページ参照）でもお話ししたとおり、体力が衰えると庭にいられる時間も短くなり、集中力もなくなってきます。以前よりも、一つ一つの作業に時間がかかるようになってくるのです。時間がかかれば当然計画どおりに進まないといった事態に陥ります。間に合わないかもと焦りながらバラの世話をしても、全然楽しくありません。楽しくないまま作業し続けると、バラを育てることが義務になり、最後にはもうやめようといったことになってしまいます。

体力が落ちているのですから、できないことは無理にしようとせず、なるべく自分がやりたいことだけをするようにしましょう。そうすれば時間に余裕ができ、年を取っても、やりたいことを追求できるようになります。あれもこれもはもうできないと割り切るのが、長くバラを育て続けるコツです。

やりたいことだけをしても、新しい発見は尽きません。バラは若いころとは違った気づきを与えてくれるでしょう。満開に咲いたときの迫力、数限りなくある個性的な品種など、見てわかる魅力はバラの魅力の一部にすぎないのです。

目に見えないバラの魅力とは何か？　もちろんバラには歴史があり、その時代時代で関わってきた人々とのエピソードには事欠きません。それも一つですが、もっと言葉にできない、何十年もバラを育ててきて、やっとぼんやりと見えてきた魅力もあります。うまく言葉にできないのですが、バラの生命力が自分の心に働きかけてくるという感じとでもいえばよいのでしょうか。バラと過ごした時間の中で育まれた想像力が、そうさせるのかもしれません。

長くバラを追いかけ続けたからこそわかる魅力は確実にあります。年を取るのも悪いことばかりではないですよ（笑）。

おわりに

バラの一瞬一瞬を楽しみに

バラを育てて60年近くになります。何か目的があったわけではありません。バラに出会って、バラを好きになり、好きな品種を集めて育ててきただけです。毎日が楽しくて一生懸命でした。

それは今でも変わりません。日によってどんどん移り変わるバラの雰囲気は、一瞬一瞬がその場かぎりのものです。蕾から散る瞬間まで刻々と変化する様子や、春、まったく葉がない株から新しい芽が伸びる様子は、今、見逃してしまうと、もう見られないのです。

いつまでも、バラの美しさと生命力に感動していたいと思います。そのためには、自分が管理できる数に、株を減らしていくしかありません。当然、好きな品種ばかりを集めているでしょうから、簡単に減らせるものではないと思います。でもバラは管理できないと枯れてしまいます。目の前で好きな品種をダメにするくらいなら……、と思って年々減らしていきましょう。

自分が管理できる数に減らすことで、その分自分がやりたいことを追求できます。バラは本当に限りがないものです。今でも疑問に思うことは多く、毎日が勉強です。今年の花を見たら、来年も全力で咲かせてあげたいと思います。

きっと身体が動くかぎりバラを育て続けるでしょう。きっと読者の方にも、そんなふうに思っている方がいらっしゃると思います。大切なのは最低限の毎日の管理ができる健康な身体と、バラの美しさを感じられる柔らかな心です。

これからも、春の花を楽しみに一緒にバラを育てていきましょうね。

装丁・本文デザイン
岡本一宣、小埜田尚子、加瀬 梓
（岡本一宣デザイン事務所）
撮影
田中雅也、川上尚見、伊藤善規、
今井秀治、竹前 朗、福田 稔、
牧 稔人、丸山 滋、高木絢子
イラスト
五嶋直美、楢崎義信（84ページ）
校正
安藤幹江、高橋尚樹
DTP協力
ドルフィン
企画・編集
上杉幸大（NHK出版）
取材協力
花遊庭

シニアのためのバラ栽培

マダム高木の15の知恵

2018年5月20日 第1刷発行
2020年6月10日 第4刷発行

著者
高木絢子

発行者
森永公紀
発行所
NHK出版
〒150-8081 東京都渋谷区宇田川町41-1
TEL 0570-002-049（編集）
0570-000-321（注文）
ホームページ http://www.nhk-book.co.jp
振替 00110-1-49701
印刷・製本
図書印刷

ISBN978-4-14-040283-2 C2061 Printed in Japan